藍學堂

學習・奇趣・輕鬆讀

Who Not How

The Formula to Achieve Bigger Goals Through Accelerating Teamwork

成功者的互利方程式

解開成事在「人」的祕密，投資好的人，
贏得你的財富、時間、人際、願景四大自由

丹・蘇利文、班傑明・哈迪 博士
Dan Sullivan　Dr. Benjamin Hardy　合著

吳宜蓁　譯

目錄

各界讚譽 009

推薦序 018

你能更好，都跟「人」有關／吳家德
職涯躍進：別再問「怎麼做」，開始問「找誰做」／盧美妏
新的整體會超越原有部分的總和／陳沛穎
願「神戰友」與你同在！／愛瑞克

序章

人因夢想而偉大，夢想因人而實現——成事在「人」的力量 030

擺脫「我自己來」的束縛，你可以把希望交到別人手中
從問「我要如何實現這個目標？」，到「誰能幫助我實現這個目標？」
好的「連結」讓正面情緒源源不絕
追求人生目標的同時，也為他人奉獻自我價值
「好的人」讓心理和情緒進化到最高形式——轉化自我

賦予讓人揮灑熱情的權力，就會收獲好結果
轉化你的心態，人生各領域能擁有更多的自由
玩跳棋你會走向競爭，下西洋棋你會講求合作
如何使用本書

PART 1 掌握時間的自由

065

第一章 保持豐盛心態，「好的人」自然會走入你的人生 066
你最珍貴的寶貝，就是你自己
你需要「好的人」來擴展你的潛能
重點一次看

第二章 別讓完美主義與拖延症耽誤了你可以擁有的未來 086
有智慧地將拖延轉化為成長的動力
一、明確你的目標來吸引「好的人」
二、問自己：「誰能幫助我完成這個目標？」
重點一次看

第三章　在人生的各領域找到「好的人」　103
單純地換一個問題，馬上轉換思維
每九十天最大化你的時間，把行動化為好習慣
重點一次看

PART 2 創造財富的自由

117
第四章　善用時間才能創造人生價值　118
解放大腦更容易進入心流狀態
珍惜時間的人可以獲得財富自由
重點一次看
第五章　愈專注目標，達成目標的承諾與自信愈強大　137
不斷展示承諾和信心，可以凝聚眾人完成目標的決心
重點一次看

第六章　養成投資心態是達成財富自由的第一步　147
遠離「成本」心態，培養「投資」心態
重點一次看

PART 3 擁有互利人際圈的自由　161

第七章　成為彼此的「人」，建立互利的「人際圈」　162
和吸引你、振奮人心的人建立轉化關係
成為給予者，好的連結才會昇華與轉化自我
好的連結沒有終點，人際圈的影響力只會持續下去
保持感恩，你會吸引同性質的人走進你的生活
重點一次看
第八章　避開錯誤的人，就算他們很有吸引力　175
勇敢向不懂珍惜你的人說「不」，只為你的「人」排除萬難
永遠當買方，由你來決定與誰連結
重點一次看

第九章 創造互利、有影響力的合作關係 189
保持謙虛，接受且信賴他人的建議
運用八〇%法則鼓勵快速回饋，接受不完美
有問題大聲問，不要怕尋求幫助
真誠努力成為你的人際圈、你的「人」的英雄
重點一次看

PART 4 不斷擴展目標的自由

203

第十章 你必須停止競爭，開始合作了 204
「自己來」的代價更大，只會低估你的潛力和成就
捨棄獨立思考的陷阱，你可以跟全世界最好的人合作
重點一次看

第十一章 人的互利效應如同漣漪不斷擴大影響力 216
「找人不找方法」規則只有一條——找到能拓展你的願景和目標的「人」
互利效應讓你我成為彼此的英雄

重點一次看

結語 這是一個人生會變得愈來愈好的策略與思維 232
講完了成功的祕密，現在輪到你實現夢想了

丹的謝辭 239

班的謝辭 241

參考文獻 243

各界讚譽

「丹・蘇利文是創業家的終極教練。我追隨他學習超過二十年了！任何讀過《成功者的互利方程式》的人都知道最優秀的創業家應該如何創造自由。」

——大衛・巴赫（David Bach），《紐約時報》暢銷書作者，FinishRich.com創始人，AE Wealth Management聯合創始人

「你如何改善生活？先從改變思維下手。你如何改變思維呢？丹・蘇利文說，這得從『思考你的想法』開始。丹是創業家教練們的教練，能幫助你思考自己的想法，從而獲得嶄新的視角，這不僅能提升你的事業，更能改善你的生活各個層面。」

——JJ・維金（JJ Virgin），《紐約時報》暢銷書作者，Mindshare Collaborative創始人

「如果說在丹．蘇利文的執教下，無論是個人生活還是職業生涯都有長足的進展，這還過於輕描淡寫。丹與生俱來簡化複雜商業境況的能力，並創造出容易上手的工具。世界因為他變得更好了。」

——尼納．提尼斯（Ninad Tipnis），JTCPL設計公司創始人與負責人

「丹．蘇利文是獨一無二的存在，他身上流露出一種清晰、堅韌和說服力。只要仔細留意，這種智慧便會感染你。他無私的精神讓你可以敞開心胸地了解他迷人的思考過程。」

——凱西．科爾比（Kathy Kolbe），大腦研究者、理論家、Kolbe Corp創始人

「丹．蘇利文指導著世界最傑出的創業家。在丹和策略教練指導下，我們自信滿滿地學習、成長和發展。想要驚人的成果，找丹就對了。」

——克里斯．佛斯（Chris Voss），黑天鵝集團（The Black Swan Group）執行長與創始人

「如果你想大幅改善生活或提升事業，想賺更多錢、做更少雜事，同時盡情享受生活，那你只有一個方法——丹．蘇利文和他的策略教練計畫。我去上課了，也讓一切變得更好了。」

——理查．維格里（Richard A. Viguerie），政治直郵的先驅，美國目標廣告公司（American Target Advertising, Inc.）董事長

「自從遇到丹．蘇利文，我顛覆了之前對自由和成功的看法。他的智慧與教誨讓我求知若渴、獲益匪淺，有意義地改善我和家庭。對於想追求夢想、實現創業理念、活出生命意義的人來說，丹絕對是最好的教練！」

——馬克．提姆（Mark Timm），連續創業家，《百萬導師》（*Mentor to Millions*）合著者

「我的好友丹．蘇利文和班傑明．哈迪合著的新書，揭露了獲致成功的一項最大祕

訣。這祕訣能讓你空出數千小時，組建一支明星團隊來支持你的願景，以超乎想像的速度實現目標，還不會筋疲力盡。這是在實現最遠大、最雄心壯志的目標之際，你還能體驗更大自由、滿足感和樂趣的極致效策略。」

——喬・波力士（Joe Polish），天才網絡（Genius Network）創始人

「丹是創業家的尤達大師，總是在完美的時間點產出永恆不衰的智慧結晶。他的天賦並非傾吐智慧，而是幫助創業家找到各自的獨特能力（原力），然後教導他們運用能力來創造指數級的影響力和成功方程式。」

——麗莎・席尼（Lisa Cini），馬賽克設計工作室（Mosaic Design Studio）、BestLivingTech.com 執行長與創始人

「我採訪過許多世界頂級成功、備受喜愛的創業家，這些人是你在電視上看過且大名耳熟能詳的人。我很幸運與其中一些人成為好友，能夠在需要建議時獲得他們的幫忙。

不過，世界上只有一個人，幫助我不單單是看見，還能實現超越過往想像的目標，那就是丹．蘇利文。與丹合作，我的人生、事業、人際圈都改善了一百倍以上。」

——尼克．南頓（Nick Nanton）艾美獎獲獎導演兼製片人，《華爾街日報》暢銷書作者，全球之盾人道主義獎（Global Shield Humanitarian Award）得主

「丹．蘇利文能改變人生，發蒙解縛我和成千上萬跟著他學習、讀過他著作的人。聽清楚了：『他堅若磐石的洞察力和智慧不只幫你賺大錢，還能改善你的人生！』」

——齊思．坎寧罕（Keith J. Cunningham），保險庫之鑰（Keys to the Vault）的聯合創始人，暢銷書《沒那麼蠢的路》（*The Road Less Stupid*）的作者

「丹．蘇利文是創業家的擁護者，擅長提供擴大自身能力的原創解決方案，引領我們走向更自由、可持續的成功之路。丹．蘇利文是我的祕密武器，是我求助人，他成功地增

強和引導我的能力，讓我邁向未來。我很感激他所做的一切！」

——李．瑞克特（L. Lee Richter），瑞克特設計集團（Richter Design Group）執行長

「丹．蘇利文是美國最偉大的思想家之一，他無與倫比地理解創業家的心理，而且擁有審時度勢、洞察先機的傑出能力。你可以在美國眾多創新和快速發展的公司中，看見與感受到丹的影響力和思維。他的想法為美國經濟貢獻了數十億美元，這就是為什麼了解丹的人都稱他為教練中的教練。」

——馬克．楊格博士（Mark Young），Jekyll and Hyde廣告與行銷公司創始人與執行長

「丹．蘇利文是全球成功創業家的傑出顧問。一直以來，無數客戶的成功皆歸功於丹的智慧和指導。近二十年來我一直遵循丹的教誨，至今他仍然在各方面激勵著我。」

——約翰．法瑞爾（John Ferrell），Carr & Ferrell LLP聯合創始人

「對於想在人生中獲致更多成功目標、時間、財富和人際圈的創業家而言，丹是一位傑出的教練。我與所愛之人都因為我在生活各領域應用了丹的獨特智慧和思考工具而變得更豐富了。」

——保羅．海斯（Paul F. Heiss），IBCC Industries創始人與總裁

「丹．蘇利文是當今最有創意與遠見的創業家教練。他的見解和創新價值數十億美元，而他的革命性方法更解開了個人和職業自由的祕密。丹活出自己的教誨！」

——史蒂芬．波特與蜜雪兒．梁．波特（Steven Palter and Michele Lang Palter），黃金海岸體外受精和磁石技術公司（Gold Coast IVF and Lodestone Technology）

感謝迪恩·傑克遜，他給了丹這個關鍵見解，並創造「找人不找方法」這詞彙。如果沒有你和你聰明的頭腦，不會有這本書。

感謝你無盡的鼓勵和合作，尤其是和丹在《拖延的喜悅》（*Joy of Procrastination*）播客（Podcast）中的合作。

我們愛你！

「只要探究任何一項重大創新，就會打破孤獨天才和『頓悟時刻』的神話。」

——《哈佛商業評論》（*Harvard Business Review*）

「愛迪生說：『天才是一%的靈感加上九九%的努力。』但他是指誰的努力呢？其實愛迪生真正的訣竅是指揮和誘騙別人來執行他的想法。」

——喬書亞．沃夫．申克（Joshua Wolf Shenk），《2的力量》（*Powers of Two*）作

推薦序

你能更好，都跟「人」有關

吳家德／NU PASTA總經理、職場作家

天啊！怎麼有人寫「待人接物」的觀念和我如此相近。這是我一邊閱讀《成功者的互利方程式》，腦海裡一邊跳出來的思緒。

「對人感興趣，生活很有趣」「人脈的終極目的是利他」，這兩句話是在我日常生活當中與人交流時，最常脫口而出的金句。也可以說是我終生奉為圭臬的做人思想。我一直相信，我們能不能更好，都跟人有關。而作者闡述的「互利互惠」思維和我的價值觀簡直如出一轍。

「找人不找方法」是貫穿本書的核心主軸。簡言之，就是要「找對人」才能「做對事」。但依我半百人生的職場經驗，「找對人」不是一件簡單的事。此話怎說呢？因為在世俗的認知裡，我們總是被教育「凡是靠自己，不要靠別人」的觀念。導致每件事一定先親力親為，真的沒轍時，才去找救兵。這種被時間追著跑，整天忙到焦頭爛額的狀況，幾

乎都在你我的生活當中上演。

基於「時間寶貴，不要浪費」的理念，讓作者明白一件事，就是如果真的想要完成目標與夢想，讓自己更加成功，一定要靠「好的人」才能事半功倍，輕鬆達標。書中好幾個值得借鏡的故事，值得讀者細細探尋，感受人的功能與價值。讀完這本書帶給我三個啟發。這三個心法值得與翻閱這本書的你互相砥礪：

第一，不論你現在幾歲，是年輕人也好，是退休人士也罷，都仍然需要持續建立優質的人際圈，讓你的生命更有活力與品質。因為人是群居的動物，只要活著的一天，你都需要被幫助，而能夠幫你的，都是人。

第二，既然會被他人幫助，就要懂得感恩。感恩是宇宙最強大的力量。不僅能吸引善良的人走進你的生命，共好共振也會讓自己永保安康，喜悅幸福。

第三，了解生命的意義，也找到自己的天賦，更要為自己的人生建立目標。大膽的投資自己，讓自己更有信心與魅力，進而與好的人產生強連結，而不是事必躬親，一切只考量成本，把自己搞到精疲力竭。

要與人同行也同贏嗎？這本書是寶典。

職涯躍進：別再問「怎麼做」，開始問「找誰做」

盧美妏／人生設計心理諮商所共同創辦人、諮商心理師

你每天深陷瑣事中，沒有自己的時間？

你總是團隊中最勞心勞力的那個人？

你有一堆拖延的重要任務，已經許久沒有進展？

我是一名心理師，也是一名職業生涯諮詢師。我的主要工作，是在幫人解決工作與生活中遇到的困難，跟本書作者之一、創業家教練丹．蘇利文的工作類似。

我服務的對象有企業主、跨國公司高管、創業家、部門主管、資深工作者、專業人士、職場新鮮人……等，我發現無論是上市公司企業主，或是剛進到職場的畢業生，都容易陷入一種惡性循環：在瑣事中疲於奔命，回過頭發現重要任務都被擱置了。

然後陷入抱怨：主管分配任務不公、下屬做事不仔細、同事沒帶腦子來上班、客戶很難搞、家人什麼事都做不好……這些人已經盡最大的努力、無時無刻投入在處理任務，怎麼事情還是源源不絕，整體情況也沒有好轉。

丹．蘇利文提出一個重要的思維轉換概念「找人，不找方法」。這個概念貫穿本書，帶讀者逐步調整原有的自動化思維，從問「我要如何實現目標？」到「誰能幫助我實現這個目標？」。

我讀了兩遍後覺得，華人世界的讀者絕對比歐美國家更需要這個概念！

從小我們被教導的負責、承擔、獨立、堅持……這些美德，以及別輕易麻煩別人，確實讓我們在職場上、在生活中成為一個值得信任的人。當問題出現，我們習慣先「找方法」處理，自動扛起責任，能自己解決就自己解決，但隨著從學校畢業、職場升遷躍進，我們面臨的問題愈來愈多，需要處理的任務愈來愈複雜，已經不是一個人埋頭苦幹就能搞定的。

我們要開始練習「找人」。這件事情有誰可以協助我？這個問題誰有能力解決？尤其是「技術性問題」，你更需要問「誰能幫助我做這件事？」，而不是自己跑去解決不擅長的陌生問題，反而耽誤了其他更重要的任務。

「你還想繼續浪費時間，以及忍受把時間耗在痛苦的事情上嗎？」

「找方法」可能曾讓你在學生時期完成學習任務，也在職涯早期展現出色的執行力，但若你想拓展事業可能性、賺更多錢、擁有更多時間，你該開始練習「找人」。

釋放你寶貴的時間精力，拿去做更重要的事。

新的整體會超越原有部分的總和

陳沛穎／與光文化創辦人

▼一個人的戰鬥

閱讀這本書的過程，我腦中一直有些聲音：

「以書中的案例來看，我確實需要找人幫忙，但是關於我自己的困境，我還是應該自己想辦法解決吧。」

「正是因為我尚未有足夠的資源可以外包委託其他人負責啊。」

「創業過程當然要倚賴不同專業，但是『這件事情』總需要我獨自完成吧。」

因此這本書「找人不找方法」的建議，一開始讓我困惑萬分，但隨著閱讀的進展，我慢慢地理解自己正是這本書的目標讀者。

也許是過去所處的單位、現在的創業階段資源都很是有限，因此「萬事自己來」成為我的工作基調；也許是我就是一個怕麻煩別人的人，因此「自己找方法」變成我的待人處事之道。

閱讀中我想起自己仍是員工的時候，執行複雜度極高、陌生領域的專案。我抱著自己想出解法的心態，挑燈夜戰卻一無所獲，最後陷入拖延的無限長夜，充滿著焦慮、罪惡與挫折。

我也想起在決定創業後，面對各種未知的挑戰。這時候沒有「老闆」主動在最後關頭提點我，我甚至不知道自己能主動對外求援。我將所有的困惑攬在自己身上，想著這就是創業該負擔的責任，我陷入找方法的迷霧，但愈找愈失去方向感。

▼以人為節點的方法

就在我最困惑的時候，我讀到了這本書。閱讀起初我困惑萬分，但隨著閱讀的進展，寬慰了這些時刻的我。

我想起過去案子卡關愁雲慘霧時的自己，受到了老闆的提點後撥雲見日的明朗。我想起在創業撞牆時，前輩提供的建議讓我開啟新的眼光。

這些經驗以及閱讀此書的過程，讓我感嘆：有時候我們少的不是方法，而是某種以客觀建議看待自身狀態的眼光。只是方法太具體了，讓我誤以為只有方法才是解方。

因此對我來說，此書最大的收穫是告訴我：當感受到自己被困住時，可以放下對找到「方法」的執念，而是試著從與他人的對話、經驗中，重新確立自己的狀態。

▼打造互利網絡

「問人」說起來簡單，但是一件不簡單的事——要問誰？怎麼找到適合的人問？怎麼問？因此本書以一定的篇幅描述人際關係的經營。

此書認為經營關係的關鍵是「互利」，我們拋出自己的困惑，並在過程中給予，而且給予的比索取的還多。

在以自己為出發的「幫助」與「被幫助」經驗中，我們也愈來愈能理解「人」的核心價值，並在適合的時機與場合，將多方的價值相互對接，促成更多好事的發生，慢慢打造與人之間的互利與互信。

讀完書，我認為此書的書名取得十分有巧思，我尤其喜歡以「方程式」一詞，隱喻由互利所構成的人際網絡。

「方程式」在數學的定義上，可以簡單地理解為「含有未知數的等式」，我認為用在此書作者想敘述的概念，等式中的未知數是自己現有的資源，而構成的加減乘除等符號，則是他人。

我們可能遇上錯的人，因此耗損自己的資源；可能遇上關鍵的人，因此彼此的資源可以加乘。但如果自己是零，那也許他人有再大的助益，最後都是無解。

這本書並不複雜，有清楚的框架論證「找人不找方法」的優勢。也有著清晰的目標，就是讓讀者知道，自己在挑戰面前，並非只能孤單一人。

如果願意嘗試此書的建議，那我們會有機會感受到自己的視野，乃至自我被擴大，最後甚至將彼此帶向從未想過的遠方。

祝福與我相似的讀者，一同踏上新的旅程，甚至我們能於某天相遇，成為彼此的幫助。

願「神戰友」與你同在！

愛瑞克／《內在原力》作者、TMBA共同創辦人

猶記得我就讀台大商學研究所MBA期間，管理大師吉姆．柯林斯（Jim Collins）的著作《從A到A＋》爆紅，而其中的一個核心觀念是：「先找對的人上車，再決定車子要往哪邊開。」成了當時企業實務界與管理學界的熱門話題，讓我印象非常深刻。然而，到底該怎麼做呢？在你手中的這本書，恰好把上述觀念的具體化、行動化，提供了完整而詳實的指導。

在二十多年前草創TMBA這個校內社團時，我舉辦了一場跨系所的說明會，由我擔任主講人，並且包辦所有一切工作。後來，有了台大商研所以及財金所的夥伴加入之後，我發覺，若要比文宣美編，有人做得比我漂亮；要宣傳，有人比我人脈更廣；要主持，有

人台風一流、經驗老到。

後來，我不再靠自己實現理想了，因為只要有好的理念，以及此書所提的「豐盛心態」，會有很多厲害的人願意參與一起實現。後來，各種活動愈辦愈大，我見證了「組織一支夢幻團隊來支持你的工作與生活願景」的力量有多大。懂得運用這個哲學與技巧的人，會獲得複利效果，有如滾雪球般的迅速且持續壯大。

很多上班族非常認真、盡心盡力，但是升遷發展並沒有隨著年資同步發生，並非他們不努力，而是過於迷戀把一件事做到盡善盡美的那個過程。太多人執迷於自主權、掌控欲、完美主義，以致浪費了許多時間在枝微末節的事情上，而且事必躬親，到頭來才發現自己工作表現完美，但升遷的並不是自己——因為你不會帶人，更不會找人——身為管理者真正重要的能力都沒累積。

此書的核心觀念：將「方法思維」轉換為「找人思維」，可說是全球傑出企業家們共同的思維習慣。就算你不想成為創業家、或沒有要改變世界，但是身為職場工作者、一家之主，若能掌握這個思維以及執行策略，我相信無論是個人的職涯發展或家庭的幸福美滿，都將大幅度地獲得進展！

序章

人因夢想而偉大，夢想因人而實現——成事在「人」的力量

麥可・喬丹（Michael Jordan）可謂有史以來最偉大的籃球選手，不過在進入美國職業籃球聯賽（後文簡稱NBA）的前六年裡，他的團隊從來沒有贏過總冠軍。

一九八四年喬丹被芝加哥公牛隊選中，在最初的前三個賽季裡，他的隊伍總是在季後賽第一輪就慘遭淘汰。當時的他逐漸嶄露頭角，晉身成為聯盟中最佳球員之列，算是數一數二的頂尖球員，就差成功的季後賽榮譽加身。

公牛隊的管理層心裡清楚，喬丹無法靠自己取得更高層次的成功，也就是無法靠單打獨鬥贏得總冠軍。儘管他極具天賦，仍然需要尋求支援。

麥可・喬丹需要其他「人」的協助，而不僅是靠自己的「方法」（球技）。一九八七年，公牛隊在交易選秀時挖角了最初被西雅圖超音速隊選中的新秀史考提・皮朋（Scottie Pippen）。就此，皮朋成了喬丹的最佳合作夥伴，喬丹的進取和競爭精神很快感染了皮朋。而皮朋驅使喬丹提高防守和進攻技巧，同時也幫助喬丹從個人秀的表演者，蛻變成以團隊為重的球員。

他們合作的第一個賽季，公牛隊終於突破季後賽首輪贏得勝利，不過接連的兩個賽季（一九八八和一九八九年）的第二輪，公牛隊都被經驗豐富、技巧精銳的底特律活塞隊擊敗。儘管這些打擊很殘酷，卻是賦予了喬丹、甚至整支公牛隊對最終目標做出承諾所需要的動力。

到一九八九年，全世界都一清二楚誰是「最佳籃球選手」。喬丹，一名天才球員，無人匹敵，再加上皮朋的助攻，公牛隊突破先前的停滯狀態，進入了球隊的下一個成長階段。此時即使喬丹能力出眾，公牛隊還是碰上了另一堵牆。

活塞隊制定了他們所謂的「喬丹規則」，就是每當喬丹拿到球，活塞球員就會採取雙人或三人防守策略，只要鎖住了喬丹，公牛隊就沒有勝算。

芝加哥公牛隊現在單靠喬丹的技巧已經無法獲勝了，他們需要「**另一個人**」幫忙。

一九八九年菲爾．傑克遜（Phil Jackson）成為芝加哥公牛隊總教練。他意識到，球員需要更多以團隊為核心的策略，不能只依賴喬丹超乎常人的天賦，於是他設計了三角進攻戰術，這是一種切傳技術（cutting and passing）[1]，可為球員創造更多的投籃機會。

藉由這種分擔球員責任的戰術，喬丹不再獨當重任，反而成長為更出色的全能球員，他認為自己最終能實現的願景擴大了；公牛隊球員也明白，有了傑出的教練和球員，他們可以創造出真正獨一無二的好成果。

在傑克遜擔任總教練的第一年，公牛隊進步神速，以五五勝、二七負的戰績結束了該賽季。他們在季後賽的前兩輪成功晉級，但是接下來再次碰上底特律活塞，在決定性的第七場比賽中失利。

隔年，公牛隊以隊史最佳戰績結束了一九九一年的ＮＢＡ賽季。他們的成績是六一勝、二一負，更在東部決賽中以四比〇橫掃勁敵活塞。隨後，公牛隊在

1. 進攻技術之一，藉由別隊防守員在防守自己隊員的時機，將球傳給空檔的隊員發動攻擊，這戰術對破解區域防守或盯人防守很有效。

ＮＢＡ總決賽中擊敗了由魔術強森（Magic Johnson）率領的洛杉磯湖人隊。喬丹在那場賽季獲得了球賽生涯的第二座ＮＢＡＭＶＰ（最有價值球員）獎項和第一座總冠軍。

接下來七年裡，在傑克遜的帶領下，芝加哥公牛隊又贏得了五次總冠軍，喬丹驚人的天賦，加上以團隊為核心的三角進攻戰術，球員把能力發揮得淋漓盡致。

從一九九一年到一九九八年，芝加哥公牛隊總共抱回六次冠軍獎盃，締造了ＮＢＡ史上最偉大的公牛王朝。有人說，喬丹是籃球界有史以來最傑出的球員，就算說他是體壇最偉大的運動員也不為過。

然而，如果只憑喬丹一人之力，這一切都不會發生。沒錯，或許他可以贏得一、二次總冠軍，創下驚人的個人佳績，但是他不會因此成為ＮＢＡ史上最強王朝中的傳奇人物。

喬丹真正締造的高峰，是他追隨一位有才華的教練，願意配合整支團隊的球技與戰術，蛻變為一名團隊型的球員，一切才水到渠成。

還有另一件鮮為人知的事蹟，就是喬丹幾乎整個職業生涯都有蒂姆．葛洛佛（Tim Grover）這位私人教練在旁為其訓練肌力與體能。喬丹需要葛洛佛的生理學和體能表現專業知識，協助他超越自己的侷限和弱點。為了得到最有效的教練和訓練，喬丹投入大量心力在此，他的個人表現一直如此傑出，這正是其中一個重要原因。

喬丹的故事給了想追求更高成就和成功的人許多重要啟示。然而，不要忽略了最關鍵的一點：喬丹不是孤單一個人。他的「潛力」不是與生俱來，也無法持之以恆，而是仰賴了許多人的協助才有我們看到的好結果。有了團隊、教練和經驗，喬丹的球員角色才真正開始好轉和擴展。無論喬丹是平凡人還是籃球天才，他的最終成就遠勝於憑藉一己之力所能企及的新高度。

總結喬丹的故事，我們發現一個問題：如果喬丹，這位號稱地表上最強、最有爆發力的運動員，在實現目標和超越自我潛力之際，需要的是「人」（首先是皮朋，然後是葛洛佛和傑克遜）而不是「方法」（光靠他的球技），那麼你認為同樣的原理也能套用在你我身上嗎？如果我們察覺到這一寶貴的洞見，將我們的思維模式從「自己找方法克服困難」轉變為「找到好的人來協助」，會發生什麼改變呢？如果有傑出人士為你擴展能力和潛力，你的人生又會有什麼樣的蛻變？

現在先讓我們靜下心審視一下自己的人生，無論事情因果，目前你自己獨自承擔了多少事情呢？

你再想想喬丹，如果連這位天才球星都沒辦法靠自己贏得總冠軍，你又何必執著於「獨自」追求目標與願景呢？

事實很明顯，喬丹追求的夢想很偉大，光贏得一座NBA總冠軍已經非常困難，更遑論贏得六座了。

所以，你呢？容許我問你：你想追求什麼？

在生活中，哪些人能為你帶來願景、資源和能力，讓你擁有超越一己之力的能力？

或者，一直以來你只敢設定小小的目標，好讓自己能獨力完成它？

你覺得，自己必須是付出血汗與眼淚、承擔所有重擔的人，如此才能證明你的能力嗎？

人很容易關注做事的方法，尤其是高成就人士，他們總是想掌控自己能控制的所有事情——包括他們自己。然而，若想擴大成就，並建立能互助互信的「人際圈」，就得勇於展現自己的脆弱和信任。我想點醒你：一、你正在處理的事情，有更擅長於此的人想幫你執行；二、你的努力和貢獻（你的「方法」）應該專注於自己最大的熱情和影響力所在，不應該分散注意力和精力，而是有目的地引導自己徜徉於極致心流和創造力之中。

人生這場遊戲以結果命名，而不是努力。人生的回報，是你結的果，而不是投入的努力和時間。在很多時候，人們不夠投入結果，反而過分迷戀「過程」或「努力」。

當然，你得努力。

當然，你所做的事情必須出類拔萃。

但是，如果你不能將努力與出眾轉化為實際、可衡量且珍貴的結果，之前的付出就徒勞無功了。

如果喬丹沒有多次贏得總冠軍，大家很難視他為NBA史上最好的球員。所以為了達成這項目標，他需要其他人協助，光靠自己孤軍奮戰，只專注於精進球技（方法），根本達不到現今的成就。

回到本書重點，這不是一本體壇史書。

而是一本關於個人轉化，讓人發揮最大潛能與表現進而獲致成功的書籍。更直接地說，這本書是教你，以絕對、最有效的方式，也是唯一可能的方式，產生更深遠且美好的結果。

在當代文化中，我們接受的訓練是專注於做事方法並獨力完成。

但是，如果想發揮潛力獲致真正高水準的表現，像喬丹那樣，就必須**把「方法心態」轉變為「人的心態」**。不管你的個人天賦、承諾大小或聰明程度如何，唯有透過團隊合作，才能實現以前你自認為不可能完成的事情，或是完成以目前的情況你根本不敢想像或夢想中的事情。

這本書就是要告訴你，隨著成功層次的提升，**你產生結果的能力強弱，取決於你能否找到「好的人」來幫忙，而不是靠自己「找方法」解決一切**。因為，當你關注應該和誰一起工作，而不是光憑自己一人要如何實現目標，你等於是在人生各面向上擴展了成就層次和自由度，包括時間、金錢、人際圈和人生目標。

只要你想創造好結果，尤其是在職場上或你本身就是個創業家，本書提供指路明燈。除非你是億萬富翁或對人生沒有追求，否則肯定還有空間實現本書教的想法。

▼擺脫「我自己來」的束縛，你可以把希望交到別人手中

丹．蘇利文是本書統稱「找人不找方法」這個概念的發明者，也是本書的主要作者，儘管這本書他沒有寫過半個字。

甚至到了本書撰寫進入尾聲的時候，他才看了內容，但是即便在那個時候，他的加註依舊很短，我（班傑明）只用了一小部分而已。

然而，這本書比他自己寫的還要好（雖然是由別人幫忙代寫）。他會告訴你，這正是他想要的，能夠完美地幫助他心目中的理想讀者——你。

這怎麼可能呢？

創造且掌握這個概念的人，怎麼可能不是這本書的作者？

而且他為什麼想這樣做？

因為丹體現了他的核心思想：成事在人的力量；你需要找到「好的人」來幫助你，而不是獨自去做所有事。

讓我來解釋一下：

當你想像著一個更遠大、美好的未來，問題來了，現在的你不知道如何實現這個目標，因為目標比你當前能力所及的更大、更好。

也許你和大多數人一樣，每當想像更寬廣的未來時，首先做的第一件事情是先問自己：**「我要如何實現這個目標？」**

這個提問相當直覺，卻是所有你能提出的問題中最糟糕的一個（假設你的目標是快樂和成功）。

這種「找方法」的問題，源自於從小到大我們被灌輸的教育。當今公共教育體系完全根據「方法」而建立，從小我們被教導必須自己做完所有事情，從別人那裡得到幫助屬於「作弊」行為，絕對不能這麼做。

所以，現在我要**你問自己另一個問題？**

想想看，每當心中產生新目標的那一刻，你不用推遲，不需因能力未及感到沮喪，不必獨自經歷實現目標那種緩慢且孤獨的過程，而是身心立即湧現能量和興奮，那會是什麼感覺呢？如果你不必孤軍奮戰就能夠持續收穫更高層次、更好的結果呢？如果你能在想像目標的同時，完成多個遠大的目標，又會讓你的人生有怎麼樣的變化呢？

這就是「找人不找方法」的切入點。

▼從問「我要如何實現這個目標？」，到「誰能幫助我實現這個目標？」

如果你已經準備好迎接更強大的未來，那麼請停止再問自己：「**我要如何實現這個目標？**」

這個常見的問題只會導致平庸的結果，同時換來一身的挫敗感和遺憾。

更好的問題是：「**誰能幫助我實現這個目標？**」

乍看之下，「誰能幫助我實現這個目標？」這個問題簡單到像騙人的話術一樣。不過請你仔細想想：

- 如果你對每一件想完成的事情都問這問題，你的人生會發生什麼改變？
- 如果你對每一件拖延已久的事情都問這問題，事情會有什麼進展？
- 如果你能找到「好的人」幫你實現人生中想要的一切，你會改變自己的目標層級嗎？
- 如果有很多人和你一起創造未來，你的信心會提高嗎？
- 如果你不必一肩扛下所有的事情，你可以怎麼運用時間？
- 如果你可以實現所有的目標，而不受限於能力只實現其中一部分，你的收入會有什麼變化？
- 如果有「好的人」加入你實現目標的行列，你的目標感會擴展到什麼程度？
- 如果你能投入更多的時間和金錢找到志同道合的人，你的人際品質會產生什麼變化？
- 如果可以接觸到任何你想與之學習或合作的人呢？

你能想像嗎？

如果你能想像這個思維轉換後的世界，那麼你應該也能開始理解我所謂的「找人不找方法」了。

▼好的「連結」讓正面情緒源源不絕

丹．蘇利文是全球排名第一的創業家培訓公司「策略教練」（Strategic Coach）的聯合創始人，培訓成千上萬名創業家將自身的聰明才智發揮得淋漓盡致。他幫助創業家闡釋他們各自的「獨特能力」——能讓你血脈賁張、活力源源不絕，並產生最大影響力的活動——然後，找人來完成其他所有的事情。

丹本人按照這種想法享受生活，所以本書他自己完全沒動筆撰寫，對他來說，「想辦法」親自去執行所有的事情一點也不合理，根本不是善用時間和才能的做法。

生活中，除了一些他認為是自己獨特能力所及的活動之外，每一個「方法」，丹都會找到「好的人」去執行。

我是班傑明．哈迪博士，本書的作者，擔任丹找「好的人」來寫作的那個角色。書中的每一篇章節都是從我的觀點、用我的聲音敘述出來。因此，丹是以第三人稱的形式貫穿其中。當然，丹是「找人不找方法」概念和工具的起源。他提供了這一概念以及客戶親身經歷的神奇故事，這些客戶運用「找人不找方法」策略，讓事業大幅成長，人生富足、自由和幸福。

每次要說明「成事在人」這個思維的時候，我最喜歡以這本書如何誕生為例證。

在一次由創業謀士喬．波力士（Joe Polish）舉辦「天才X」（Genius X）論壇上，我聽到丹的「找人不找方法」演講，發現這一想法非常有價值，不僅是因為丹的滿腔熱忱，而是他簡單化了創業與財富豐足的過程，成功將其濃縮為一句簡單的陳述。我認為丹的想法必須寫成一本書來觸及更多讀者，因為我知道這個概念可以幫助人們實現更大的目標，突破人生的停滯期。

結束演講之後丹回座位坐了下來，我把椅子轉向他，低聲說：「你的概念震撼了我。我想把『找人不找方法』寫成一本書，你覺得如何？」

他微笑地向我道謝，說我們可以簡短地討論一下相關事宜。第二天早上，他拿了一張

「影響篩選表」（Impact Filter）給我看。每當他想完成一個新目標，他就會把這張表交給他的「人」（稍後我會再詳細解釋）。

把這份「影響篩選表」交給我的時候，丹說：「我們來做吧，這張表裡有成功的模樣，有寫書專案對我們為何重要的原因；如果成功了，我們會收穫什麼；如果失敗，我們將面對什麼損失和風險。如果你需要我，我就在這裡。大膽去做吧！」

「找人不找方法」真的如此簡單。你制訂願景，並找到你的人，然後放手讓他們去創造結果。

這才是真正的影響力領導：**創造並闡明願景（要做「什麼」？），並讓所有相關人士了解為什麼我們要追求更遠大的發展及其重要性（「為什麼」要做？）**。一旦明確地建立「什麼」和「為什麼」，這些「好的人」就擁有了執行目標所需的一切，而領導者要做的，就是在此過程中支持與鼓勵他們。

二〇一八年夏天，與丹談過、也拿到他的影響篩選表之後，我動筆寫了《成功者的互利方程式》一書的提案，並遞交給我的出版社，但是他們沒興趣，而且希望我專注於我的另一本書《我的性格，我決定》（*Personality Isn't Permanent*），還跟我說，這本書出版之後他們可能會重新考慮《成功者的互利方程式》的提案。

我失望透頂地把這個壞消息告訴了丹，以及他的合夥創始人、妻子兼商業夥伴芭布斯（Babs）。他們沒有退縮，也沒有大驚小怪。「一切都會解決的。」他們如此安撫著我。

在接下來的一年裡，我偶爾會問編輯《成功者的互利方程式》的出書提案有沒有下文，希望找機會啟動專案。每一次我都得到相同的回覆：「先不要問那本書的情況，我們先專注於你正在寫的這本書。」

我的情緒從失望轉為絕望。

我也有了必須讓這專案動起來的迫切感。我知道丹和芭布斯的時間寶貴，也擔心和他們合著寫書的機會正在流逝，即使他們一再跟我保證沒那回事。後來我才意識到，要兌現這本書，我不是唯一一個必須一肩扛起這件事的人。

我需要找到我的「人」。

我找的「人」是塔克．馬克斯（Tucker Max），曾四次榮登《紐約時報》暢銷書的作者，協助我編輯《我的性格，我決定》。我跟他說了自己在推銷《成功者的互利方程式》提案遇到的困難，他說能夠幫助我解決這個難題。

在二〇一九年夏天的天才X會議上，塔克把丹、芭布斯和我介紹給賀氏書屋（Hay House）的執行長兼董事長里德・崔西（Reid Tracy）。那天晚上，塔克把《成功者的互利方程式》的想法告訴里德，而里德早已是丹的忠實粉絲。

餐會過後的幾個星期，塔克就與賀氏書屋簽署了這本書的合作協議，還另外與丹簽署一份嘗試性的多本著作協議。

當你嘗試去做你從未做過、具有挑戰性或困難度的事情，你可能需要找其他人來幫助你。換個說法：如果你想完成具有挑戰性的新事物，你絕對需要找「好的人」來幫忙，除非你接受現在付出的努力在未來得不到你想要的結果。

挑戰愈大，人愈重要。就算你是別人的人，像我的角色一樣，最終你也會發現，你還是需要其他人來幫助你。

這一個重要觀念從托爾金（J. R. R. Tolkien）的《魔戒》（*The Lord of the Rings*）三部曲中最容易理解。為了拯救中土世界，哈比人佛羅多被委派把至尊魔戒帶到末日火山摧毀。但是光靠佛羅多一個人無法完成這項重任，他需要一群夥伴共同完成這項史詩般浩大的任務。當願景夠重大，志同道合的團隊就會凝聚在一起。

不過佛羅多最重要的人，非忠誠的山姆莫屬。如果沒有山姆，**佛羅多一定會失敗**。佛羅多多次嘗試獨自一人硬闖險境，因為擔心山姆的生命安全，佛羅多想把山姆留在岸上的時候，山姆堅決反對，儘管不會游泳，山姆還是冒著被淹死的危險，涉水奮力登上佛羅多的船。佛羅多看到朋友的堅決付出，使他心生謙卑。他意識到，為了完成任務，自己需要山姆的幫助。

就像佛羅多一樣，在某些情況下你會因為這群夥伴的全心奉獻而謙卑，有時甚至熱淚盈眶。你感恩生命中擁有這些人，以及體驗到的富足結果和自由，感激之情如同生命不可承受之重。

更多的情況是，你就是山姆，成為其他人的人，支持著由他人領導的遠大願景。你仍然會感激自己在願景中的獨特角色和貢獻，不僅充滿意義，也增強自己的變革能力。

佛羅多和山姆都是彼此的人，他們互相支持，鼓勵對方去做自己想都不敢想、更不用說實現自身能力未及的事情。由於他們的連結，各自成長並產生能改變全世界的重大結果。

拯救中土世界是關於，一個「好的人」得到其他「好的人」全力支援，達成所有必須完成的艱鉅任務。

每個人都需要「好的人」，包括你在內！不管你想做什麼，你都需要「好的人」。（我知道你在想什麼……**這聽起來很像蘇斯博士**[2]**〔Dr. Seuss〕的童書……請把這一段再讀一遍！**）

這本書不適合沒有人生目標、也沒有野心的人，本書專門寫給想活出精采人生的人。

如果你想收穫愈來愈多、結果愈來愈好，那麼你需要讓其他人加入你的行動，而不是依靠自己有限的能力做完所有事情。你很難透過鑽研「如何完成目標」來達成驚人的結果——如同塔克幾乎不費吹灰之力就談成多本書的交易。「找方法」找不出自我優勢，但透過「找人」，有人會知道應該怎麼幫你完成目標。

如果你正努力實現你所期望的結果，那麼到了某些階段，你一定會面臨這樣的事實：**「好的人」可以創造結果，「方法」辦不到**。

如果你想要快速有效地得到結果，去找「好的人」。隨著抱負逐漸增加，你克服「找方法」挾帶的挫折感必須愈快。換句話說，你會轉而投資那些能得到結果的「人」。

2. 西奧多蘇斯．蓋索（Theodor Seuss Geisel）是美國著名的作家及漫畫家，以蘇斯博士為筆名，著名兒童繪本有《戴帽子的貓》《鬼靈精》。

一旦全心投入你想得到的結果，你會找到「好的人」。當你找到他們，就會發現你要的結果對這些人來說有多麼唾手可得，然後愈發覺得自己的所做所為是那麼微不足道而謙虛受教，同時也願意敞開心胸接受更雄心勃勃的目標。

你會開始設定愈來愈大的目標，然後讓有能力實現目標的人加入你的行列。

▼追求人生目標的同時，也為他人奉獻自我價值

「只要不在乎得到榮譽的是誰，你能做的好事就沒有極限。」

——隆納．雷根（Ronald Reagan）美國前總統

另外還有一個關鍵點，「找人不找方法」是雙向互助互利的行為。沒錯，在撰寫這本書的過程中，塔克、里德和我是丹的「人」。

但是反過來說，丹也是我和塔克、里德的「人」。

就像里德，賀氏書屋近年剛推出商業品牌，有機會出版丹的首部重要作品，不但提升

賀氏商業品牌形象，也擴展了里德的作者圈。丹是幫助里德實現「建立商業書系」這個目標的「好的人」。

塔克也是如此，他的公司業務是專業、高效地協助創業家撰寫書籍，提升創業家的知名度與影響力，以及發展商業活動。所以丹對塔克來說很有號召力，透過丹的人脈，塔克有機會為成千上萬的創業家寫書，讓自己的事業更上一層樓。丹是幫助塔克實現「增加業務目標」的「好的人」。

最重要的是，丹是我的良師益友。藉由寫書，我能夠近距離汲取丹和他團隊的智慧結晶，透過寫書的合作互動，我們群策群力把非常棒的想法呈現在世人眼前。丹是幫助我實現「作家和創業家目標」的「好的人」。

「找人不找方法」的概念告訴你，專注於自己能做的事，然後找「人」去做他們各自擅長、有熱情的事。在每段人際圈中，你會有你的「人」，你也會成為別人的「人」。沒有誰比較好或更重要之別，所有人都是完成特定目標的關鍵人物，人與人之間只有愛和尊重。在這個互利互助的「人際圈」中，每位成員都將對方視為完成共同任務的合作者，每位成員都想成為其他人的英雄。

▼「好的人」讓心理和情緒進化到最高形式──轉化自我

塔克加入之後，我們擴展了寫書的願景或目標範圍。這正是成事在人的一大關鍵：有了「好的人」，你的視野和目標將急劇擴大。

這正是丹所謂的「**目標自由**」。當你擁有能力強大的人際圈，他們可以把你的目標帶到你想像不到的地方，你的目標和願景會隨之擴大。丹和我一開始並沒有設想出版多本書籍，我們只計畫寫這本書而已。然而，有了「好的人」之後，我們的願景迅速擴大。

願景愈大，你愈需要人而不是方法。同樣地，你的願景隨著參與的人數愈多、愈好而不斷擴增。

展開合作之後，特別是與世界級的人才共事，計畫和事業迅速擴展，遠超過最初擬訂的層級。哈佛大學心理學家羅伯特．凱根博士（Robert Kegan）用**轉化自我**（Transforming Self）來形容這種現象，他認為這是心理和情緒進化的最高形式。

根據凱根博士的觀點，人類心理發展的最基本形式是**社會自我**（Socializing Self），即一個人的行為主要出於恐懼、焦慮和依賴。你不會做決定，沒有目標，只希望被同伴接納，所以你會做出與他們保持一致的行為。

社會自我之上是**創作自我**（Authoring Self），人從病態的依賴狀態轉變為比較健康的獨立狀態。你開始有了自我意識、世界觀、目標和計畫。然而，你無法超越大腦的感知過濾程序，你所做的每一件事都是為了證實自己的偏見，以及實現自己的狹隘目標。這是大多數人發展停滯的地方，他們對自己的觀點深信不疑，不願意做出任何改變。

與創作自我不同，轉化自我不是個人主義與競爭，而是更多的人際連結與合作。為了成長、轉化到這個層次，你會積極參與合作。合作中每一方都有自己的觀點、信念和計畫，不過大家聚在一起是為了擴大自己的視野，甚至是擴大自我認同與自我意識。這個嶄新的整體超越所有其他部分的總和。

透過合作、努力、成長和連結——**轉化關係**——人可以做出改變，也確實能夠改變，以遠遠超出個人主義的形式明顯地進化與蛻變。

為了參與這種轉化關係，每位參與者的心理都必須提升到轉化自我。不過，凱根博士認為只有不到一〇%的人和組織達到了這種心理層次。

「轉化關係」與「交易關係」相反，是人為了有所改變和成長而參與的人際連結。在轉化關係中，每個人給予的比索取的還要多。他們秉持「豐盛心態」（abundance mind-set）[3]，對新鮮事物和變化抱持開放態度。反觀交易心態把人或服務視為「成本」，在轉化關係中，一切皆被視為投資，有十倍、百倍甚至更大回報和改變自己人生的可能性。而這也是「找人不找方法」的概念。

在你的生活和事業中創造十倍或百倍的好結果，一開始或許聽來荒謬可笑，然而這卻是應用「找人不找方法」的好處。你必須追求更大的目標與願景。正如丹所說：「讓現在變得更好的唯一方法，就是讓未來變得遙不可及。」只要把願景擴大十倍，無論是你的收入還是其他衡量指標，都會迫使你邀請「好的人」加入你的行列，因為這些任務確實光靠你一人完成不了。一邊閱讀本書的同時，我們鼓勵你一邊設想你的遠大目標。

丹完全相信這個想法，也只參與轉化關係。他的核心動機是成長，最關注與投資的都是「人」。他在自己及其指導的創業家身上尋求改變。身為創業家的教練，他不會將自己與客戶的回饋區隔開來，而是把這些回饋當成他創造和發展自己想法的重要養分。正如他向我解釋的：「我的想法永遠只占五〇％。一旦腦海中產

3. 保持心理餘裕，不覺得自己匱乏或一味抱怨外界，只會思考如何獲取資源和解決問題，有餘力則樂於分享。

生五〇%的想法，我會馬上與他人分享，並從他們身上收到另外五〇%的想法。每次分享完後收到的回饋和評論總是令我驚喜不已。我永遠猜不到他們會說什麼、有什麼反應。我追求、也非常看重這些驚喜。我總是驚喜於他們的想法，以及合作收穫的結果，我想頻繁的驚喜就是我的駐顏之術。」

丹的心理彈性和自信心打動了我，我問他：「你一直都這樣嗎？」

「以前不是，過去我常把自己的想法擺在心裡，試著盡己所能去精鍊它們，直到我滿意了才與他人分享。我也不願意因為他人的回饋與評論而改變想法。那個時候，分享想法需要非常大的勇氣。但是現在，我早已反覆分享過無數次了，勇氣早被自信取代。」

從這段話你可以看出，丹如何從創作自我階段演變到轉化自我階段。難怪現階段他主要著重在與創業家合作，以獲致最大的轉化關係和成功。話雖如此，變得靈活以及與人合作都需要勇氣、開放心態和自我成長的承諾。

所以，你得鼓起勇氣追求遠大的目標，先別擔心，你只需要找人來幫助你。你需要人來轉化你的願景，賦予比你最初想法更大的目標和可能性。

你也必須保持開放心態迎接驚喜，就像丹一樣。讓「好的人」發揮所長，相信最終的結果必定與你最初想像很不一樣，而且絕對更好。正如凱根博士告訴大家的，在轉化自我的階段，每個人都知道最終結果比預期的要好，就算與最初的設想略有不同。比如說，這本書就比丹預期的好很多。

目標愈大，你需要愈好的人。

▼賦予讓人揮灑熱情的權力，就會收獲好結果

塔克在本書的創作過程中擔任幾個關鍵角色。由於他在出版領域有豐富的專業知識，因此成為我和出版社之間的緩衝協調者，保護了我的創作流。他也是個經驗豐富、自信滿滿的參謀，實現丹和芭布斯對本書執行過程與結果的期待。

例如，塔克曾經告訴丹和芭布斯，創作本書的過程中我們會忽略他們八〇％的評論。這些評論並非不重要或不明智，而是因為身為他們的「人」，我們有責任做好這份工作，換句話說，書的內容會超越他們認為的讀者觀點和判斷範圍。丹的原話是：

「這本書不是寫給你們，不是寫給想從事策略教練的人，也不是寫給加入策略教練的人，因為他們早有了『找人不找方法』的概念。這本書是寫給那些本應成為策略教練但還沒做到的人，我們必須為他們寫這本書。」

我沒有塔克那樣的自信、魄力和權力與丹和芭布斯溝通。所以我屈服於錯誤的建議，甚至喪失繼續擔任寫書人的勇氣。塔克一次又一次給了我同樣的建議：「班，丹最開心的事，是你身為本書核心的『人』，完全擁有做事的『方法』。所以勇敢去做吧！」他說得沒錯，其實丹說過同樣的話。我曾向丹尋求寫作建議，而他的回答就是非常典型的丹．蘇利文：

「為什麼要我教你如何寫書？你才是懂得寫書門道的人，我根本不知道該給你什麼建議，而且我也不想這麼做。」

人除了完全掌握「方法」，還必須取得執行任務的**完全許可權**。

為了給我完全許可權，丹說了《侏羅紀公園》（*Jurassic Park*）小說作者麥克．克萊頓（Michael Crichton）的故事。克萊頓曾在採訪中被問到，他的小說場景有多少登上了大螢幕。克萊頓說，大約只有一〇%的內容被拍成電影。

採訪者問他：「你不生氣嗎？」

「完全不會，」克萊頓回答：「那些電影讓我的書大賣。」

克萊頓的同系列書籍銷售超過二億本。很大一部分的銷售量來自於允許別人採用他的想法，以不同的形式呈現在電影中。為了做到這一點，克萊頓必須把自我從諸多合作計畫中移除，他不能把自己的想法強加到其他媒介和專案上。他必須授權合作者把他的想法引導到更多層面上，而不是按照自己的想法執行。而且他確實不是電影導演或電影專家。他是小說家。克萊頓讓「合作者（人）」以自己在行的方式做事，結果讓他收獲豐厚。

本書會反覆教你這件事：**如果你想擁有高品質的人際圈，就必須放棄控制每件事該怎麼做**。

你必須信任有能力的人，賦權讓他們發揮自己的長才。唯有如此，你才能得到他們創造的豐碩成果。正如愛因斯坦所說：「所有真正偉大且鼓舞人心的事，皆由可以自由勞動的個人所創造。」

▼轉化你的心態，人生各領域能擁有更多的自由

本書無法完美詮釋丹的理念與想法，唯一能夠全盤了解那些內容的管道是加入策略教練公司。但是這不妨礙你將本書視為「找人不找方法」的入門版，就像《侏羅紀公園》系列電影是克萊頓著作的一部分那樣。雖然《侏羅紀公園》系列電影沒有分毫不差地詮釋小說場景，還是引導許多人回頭看小說，閱讀之後他們的體驗與記憶才會更深刻。這本書也是如此。

如果你是創業家，希望事業規模能夠擴大十倍，打造工作與生活的平衡與自由，本書包含了你所需要的一切。如果你想進一步轉化提升，可以加入策略教練，在那裡你可以直接從啟發這本書的井中汲取靈感。

領導力核心是擁有明確的願景。你想要的東西愈明確，愈快吸引到「好的人」前來幫助你實現願景。領導者必須說明「要做什麼」和「為什麼要做」，然後允許「好的人」用自己的方法做事。

我們賦予這本書的願景是提升每位讀者的生活品質。丹告訴我這個願景，而這個願景是我寫這本書所需要的一切。我們也希望隨著時間推移，至少有五百位讀者能真正體會到

這個想法所帶來的力量，致力於在人生各領域創造更多的自由，進而加入策略教練來投資自己和未來。

即使我的角色獲得丹的祝福和授權，還是經常需要大量的指導。發起這項計畫是勇敢的行為，我不只一次意識到，自己的目標遠遠超出大腦所能想像，光靠自己能想到的最厲害方法，也無法滿足我的需要或達到設定的目標。

最終，丹的教誨和書中的概念真實考驗著我的人生。每次遇到障礙，我需要找人來協助，而不是自己找方法。這絕對需要時間來適應，我還在努力戒掉找方法的壞習慣，轉向找人的好習慣。反覆練習之後，我逐漸得心應手，只要事情一卡住就直接找人幫忙。最終，我自信倍增，也收獲超乎想像的結果。

這樣的變化也可以發生在你身上。

▼玩跳棋你會走向競爭，下西洋棋你會講求合作

NBA球星柯比．布萊恩（Kobe Bryant）曾向隊友俠客．歐尼爾（Shaquille O'Neal）說：「年輕人大多玩跳棋，我則愛下西洋棋。」

的確。大多數人，特別是創業家，都愛玩跳棋，他們過度專注於各種可行的「方法」，反而阻礙了自己達成或擴展願景的機會。其實，只要你學會並應用成事在人的力量，就能從玩跳棋轉變成下西洋棋。與其玩別人設計的遊戲，你可以成為設計遊戲的人。自己決定目標，以及棋盤上需要出現哪些「人」。

在你掌握「找人不找方法」的精髓後，就能同時創造多款遊戲。你發起的每個目標或專案就像開啟一場全新遊戲，而每場遊戲都需要不同的棋子和不同的玩家——不同的「人」。等你成長為遊戲大師的時候，玩的遊戲會愈大膽、收入愈豐厚、結果愈成功。同時，你的棋盤上也需要愈有價值的棋子——人。

與典型西洋棋不同的是，在「找人不找方法」的每一場遊戲中，你原有的棋子會變強，而獲得能力強大的新棋子與創新策略的能力也會增強。

與西洋棋的另一個重要差別在於，你沒有敵人——在遊戲中，每個人都是潛在的合作夥伴。正是因為你理解這一點，才敢變得更大膽、更有遠見，而且你吸引的人、與你合作的人，他們的能力也同步倍增。因此，你會渴望與更多、更強大的「人」合作，你的人生各領域的自由度也會隨之擴大。

你玩的是跳棋還是西洋棋？
你的願景有多遠大？
你的遊戲裡有沒有強大的人可以幫助你贏得勝利？
你對接下來可能發生的事情感到興奮嗎？

▼如何使用本書

本書的第一篇，我會說明**「找人不找方法」如何讓你擁有更多時間**。當你不再是完成特定任務的唯一或最佳人擇，你可以把所有可預期的方法委託或外包給他人、外部公司，甚至透過科技來解決，藉此釋放更多時間。

在第二篇裡，我將解釋**「找人不找方法」如何幫助你賺更多錢**。當你開始招募人手來支持你不斷成長的目標，你不再分心，不再專注於沒有產能的活動。賺錢是自信和領導力的遊戲，也是你可以培養和掌握的技能。

在第三篇裡，我將引導**「找人不找方法」如何幫助你培養更多更好的人際連結**。在你提高可支配時間、擴展目標之後，需要與更高層次的人連結。因為你需要更好的導師幫助你進入下一個階段，也需要更優秀、更有自信與能力的員工來承擔你日益茁壯的目標。你需要世界級的合作者幫助你把想法和工作帶到不只是自己，就連你的競爭對手也永遠無法想像的地方。

最後的第四篇裡，我將展示**「找人不找方法」如何幫助你培養更遠大深刻的人生目標感**。人生因目標而活，是相信自己存在這顆星球上的原因，是定義自己、支配時間的根據。每次應用「找人不找方法」，自信心和對未來的願景都會擴大，你會肯定自己有創造正向意義的影響力。此外，你還會發現丹的更多智慧貫穿全書。

本書給讀者的承諾既嚴肅又單純：每次有新目標的時候懂得運用成事在人的力量，找到「好的人」為你的目標努力，改善你應用時間的方式，進而增加收入，拓展互利的人際連結，最終強化人生目標。

相反地，沒有善加運用成事在人的力量，你的目標可能繼續受挫與拖延，夢想永遠遙不可及。最後，未完成的目標讓你抱憾終生，而無法蛻變成期望中的自己會讓你心靈空虛、匱乏。正如有句名言所說：「有人告訴過我地獄的定義：『那是在你生命的最後一天，你遇到了原本你可以成為的人。』」

「找人不找方法」就是答案。

你準備好了嗎？

如果沒問題，我們就開始吧。

PART 1

掌握時間的自由

1

保持豐盛心態，「好的人」自然會走入你的人生

「只要學生準備好，老師就會出現。」

——佛陀

李奇．諾頓（Richie Norton）從十六歲開始就想去工作。雖然李奇成長於中產階級家庭，物質需求並不匱乏，但是他渴望盡早掌控自己的人生。他想打工賺錢，擁有想買什麼就買什麼的自由。當時李奇認為最好的選擇是在雜貨店或加油站找份工作，或者在縣裡的市集幫忙清理垃圾。考慮了一段時間，確信自己下定決心去打工之後，李奇把這件事告訴爸爸。

「我不希望你去打工。」爸爸回答。

「但我想要一份工作。」李奇說。

「你還是個孩子，長大之後你得工作一輩子。」爸爸回應。

「但是我想賺錢。」李奇堅定表明。

「好吧，李奇。」爸爸說：「如果你想賺錢，就去艾爾森特羅（El Centro）的西瓜農場，問他們可不可以把大小和形狀不規則的西瓜賣給你。那種西瓜賣不出去，最後只會擺在田裡腐爛然後扔掉。」

李奇欣然接受這個提議，然後和他弟弟艾瑞克拆掉家裡那輛休旅車的後座，從家鄉加州聖地牙哥北縣（San Diego）往南開了二小時的車來到艾爾森特羅。這些奇形怪狀的西瓜超級便宜，他們拿著爸爸給的「種子基金」足以買下塞滿整輛車的西瓜。

回到家之後，李奇翻開電話簿，逐一列出可能購買西瓜的街坊鄰居名單，包括他朋友的父母和當地社區的住戶。李奇打電話跟他們說，他有非常美味的西瓜，只是形狀比較醜，所以賣的價格比雜貨店還要便宜。當時再過幾天就是國慶日，他知道這種清涼多汁的水果需求會很大。

短短幾個小時內，李奇賣光了大約一百顆西瓜。他安排所有買家在特定的日期、特定的時間到公園拿貨。然後他一次性載著西瓜到公園分發收款，僅幾個小時的工作時間，他賺到的錢比當時以最低工資打整個夏天的工賺得還多。

一開始，李奇下定決心擁有更多財富自由的時候，他先問自己：「我怎樣才能賺到錢？」這個問題引導他想出了一個解決辦法，就是找一份典型十六歲年輕人會做的工作。問「怎麼做？」李奇會耗掉整個夏天。「方法」必定費時。

然而，李奇的爸爸是一名創業家，對時間和金錢有不同的看法。所以當李奇願意和爸爸討論這問題，爸爸成了李奇的「人」，並告訴李奇另一種更有效的——用最少時間賺到最多錢——解決方法。如果金錢是理想的結果，那麼最有效和最簡單的方法是什麼？

向爸爸尋求幫助的過程中，李奇獲得自己缺乏的視角和途徑，同時吸收了爸爸的知識、能力、資源和解決方案。他現在有了一個人能幫助他更有效地創造他想要的結果。可以肯定地說，光靠自己，李奇絕對想不出賣西瓜這個好主意。

但是有了爸爸提供的解決方案，李奇不必犧牲幾個月的時間和自由，而且幾乎立刻得到了他想要的結果。這就是成事在人的力量——你可以立即獲得現在自己並未擁有的知識、見解、資源和能力。

「方法」是線性且緩慢的途徑。

「人」是非線性、立即、指數型成長的途徑。

這件事是李奇的轉捩點，塑造了他的人生軌跡。在沒有犧牲掉整個夏季，同時又收穫自己想要的財富之後，李奇決定永遠不出賣自己的時間，而他也確實沒有。透過拯救了夏日時光，更快創造出想要的結果，李奇從本質上領悟了時間自由的定律。如同你即將在本書中學到的四種重要自由一樣，時間自由並非固定不變，而是靈活且彈性；時間也不是有限而是無限。不過，如果你不改善使用時間的方式，你永遠也得不到時間自由，也到不了自己想去的地方，因為**擁有時間自由不僅代表著有充裕的時間做你想做的事，還包括把時間花在高品質的活動上。**

年近四十歲的李奇和妻子娜塔莉目前帶著三個兒子居住在夏威夷。李奇是一位國際知名的連續創業家，主要透過手機遠距工作來創造產品和服務，並為創業家和創意人士提供專業諮詢，幫助他們在生活中騰出更充裕的時間來實現夢想。懂得時間自由也讓李奇和娜塔莉得以寫書、領養孩子、環遊世界、服務他人。如果李奇沒有請益他爸爸、向「好的人」學習，這一切都不可能實現。

事實上，我也直接受益於李奇的獨特能力。當年還是年輕作家、正試圖讓自己的事業起步之際，我就主動聯繫他。多年下來，我們合作過許多專案。

對李奇來說，時間自由如同空氣一樣重要。早幾年，他和娜塔莉所生的兒子去世了，這件事更加深了李奇的想法：時間寶貴，不應該視其為理所當然。現在，他把每一天都當成自己的最後一天，甚至拿時間做為自己的座右銘：**今天是我的一切**。

在整本書中，你會看到人們以不同方式應用「找人不找方法」（不管是找員工，還是找合作夥伴），在生活中創造各種自由。李奇的故事點出一個關鍵的事實：你身邊已經有很多「好的人」了。環顧你的生活周遭，那些扮演特定且獨特角色的人比比皆是，他們讓你成為或做到光靠自己做不到的事或角色。

你擁有替你送信的郵差。

你擁有總在一旁鼓勵你的朋友。

你有不斷激勵你的導師。

西瓜的故事中，爸爸無論以父親、創業者的身分角色來看，他都是李奇的「人」。身為父親，他的主要任務是給予兒子愛和支持，並教導李奇如何思考時間和金錢之間的價值。但是，就像所有「好的連結」一樣，他們雙方都是彼此的「人」。對爸爸來說，李奇的存在非常重要，賦予爸爸的角色與生活深刻且鮮明的意義、目的和快樂。

每個人的生命中都有可以依賴的人，以各種能力支持、幫助我們實現目標。同樣地，我們也是對方的人，提供他們需要、想要或某種形式的支持與連結。

想想你生命中的那些人……

- 如果沒有他們，你的人生會是什麼樣子？
- 如果沒有他們，你的人生會有什麼不同？
- 反向思考，如果你的生活被愈來愈多能力愈來愈強的人包圍和支持，你的生活會是什麼模樣？

- 如果有更多人前來幫助你，你會如何調整自己的未來願景？

現實世界的商業領域中，讓特定人士支持你實現目標是一種投資，通常投入的是金錢。然而，就像李奇的故事，並不是所有人都得用金錢來交換，徵求創業家（爸爸）的意見沒有花李奇半毛錢，卻拯救了他三個月的夏日時光，從此改變了他的人生。

「找人不找方法」是運用關係，使「好的人」形成「好的連結」，每個人都能從「人際圈」中轉化自我。

一切進展都從說實話開始。

▼你最珍貴的寶貝，就是你自己

「你活著，彷彿長生不老一般，從沒想過生命脆弱，也不在乎蹉跎了多少歲月；你浪費時間，彷彿擁有源源不絕的時間可用，等到你想給予付出的那天，很可能就是你的最後一天。」

——塞內卡（Lucius Annaeus Seneca），哲學家

雪倫・鄧肯（Sharon Duncan）和許多創業家一樣，每週工作時間超長，根本沒辦法取得工作和生活平衡，而且總是想同時做很多事情，她的壓力值爆表，根本沒有時間陪伴年邁的母親。

雪倫雄心壯志，熱愛成長。她勇於投資自己，於是尋求了丹的指導。雪倫從中學到的第一件事，是丹稱為「自由日」的概念，以及他和芭布斯每年花三個月的時間旅行、放鬆、不工作。

丹解釋說，當你擁有一間由有能力的人才組成的自我管理公司，你的工作量不但會減輕，事情的完成度還會提高。在自我管理的公司裡，你的員工會管理自己，不用你來監督。他們會為自己的行為全權負責，因為你已經清楚闡明那些振奮人心的願景，同時賦予他們以自己認為最好的方式執行和實現願景的所有權。

總結丹和芭布斯的長年經驗，你的團隊可以、也應該在沒有你的情況下順利運作。這

是所有創業家的目標。每個人都應該擁有放鬆與修復身心、玩樂或從事任何活動的自由，而這些自由對於提高創業家的創造力、成功和壽命更是關鍵。

事實證明，這不僅僅是個「唱高調」的想法。研究指出，只有一六%的創意和靈感是在工作中湧現，相反地，創意和靈感通常是在家、旅途中或從事娛樂活動的時候冒出頭。你需要時間和空間，最重要的是放鬆和修復身心，才能讓想法和解決方案發酵和成形。

你的第一個「好的人」永遠是你自己：提升自己，重視自己，確保自己處於最佳狀態——快樂、有創意以及與生命中最重要的人保持連結。

雪倫愛上了這個觀念。特別打動她的原因是她母親已經八十二歲了，誰也不敢保證她還能活多久。雪倫的母親是個超級棒球迷，所以雪倫想到：

「如果我找人來分擔工作，讓自己擁有更多自由，然後每年休三個月的長假帶媽媽看遍全國各地的大聯盟棒球賽呢？」

這件事實在太重要了，不能再拖下去。只要動機夠強烈，你會變得實際、變得認真有勁。如同先前的李奇，一瞬間他得到了超越自己想像的視角和解決方案，雪倫現在也有了嶄新的視角和解決方案。更重要的是，她有一個非常強烈的動機，讓這個新視角變得更重要、更有意義、更符合當時的需要。

雪倫很快雇用了一名她稱為「實踐經理」的人，這個職能角色基本上是負責處理過去一直讓雪倫倍感壓力的工作。現在回想起來，雪倫才意識到自己早就可以從這些任務中解脫，只是她缺乏這麼做的洞見和自信。

自從有了這位實踐經理，雪倫的年度時間表立即空出五百小時。五百小時相當於每週加班十二．五小時，或者三個月的全職工作時數。光雇用一個人，現在她可以立刻把多出來的時間運用在自己想做的事情上。

也就是說，實踐「找人不找方法」的過程，她只需要一個目標（要達成「什麼」？）、一個理由（「為什麼」要這樣做？）以及一個「人」。

事實上，這件事簡單到讓雪倫大吃一驚。她的壓力值立刻直線下降，看待生活和事業的願景也更開闊，最重要的是，她愈發珍惜自己的時間。

這就是自信的感覺。

打從雇用實踐經理以來，雪倫和媽媽看遍無數場棒球比賽，甚至還觀賞了二〇一八年職棒世界大賽的每一場比賽，為雪倫和她美麗的母親留下永生難忘的回憶。此外，她媽媽終於實現了和女兒一起親臨球場看比賽的夢想。直到現在，她媽媽還是不敢相信美夢竟然成真，而且還將持續下去。

雪倫現在成了自己時間的主人，無論準備做什麼，都必須是自己滿腔熱血、最值得她投入心血的事情，至於最有價值的時間安排，則必須符合公司使命又能帶來收入。

雪倫每天上班精神抖擻且活力充沛，完全專注於公司願景與目標，使得業務經理與團隊成員的表現突飛猛進，公司正經歷不可思議的成長。公司中的每個人都覺得自己是團隊中的特別存在；每個人都從領導者身上汲取能量和精神。

為自己和他人創造這種非凡體驗是無價的。只要認真對待時間，時間可以完全為你所用。

每個人每天只有二十四小時，在追求你想要的自由之前，先成為自己時間的主人。只要你停止再問「怎麼做？」然後開始找「好的人」來幫助你，你所能完成的事絕對比原本做的要好上幾百倍。

創造者不抱怨，抱怨者不創造。

▼你需要「好的人」來擴展你的潛能

根據心理學家夫婦亞瑟．艾倫博士（Arthur Aron）與伊蓮．艾倫博士（Elaine Aron）提出的自我擴展模型（Self-Expansion Model），人類「自我擴展」的主要動機是渴望增強自己的效能或自信。

從這個模型來看，「效能」——你產生預期結果的能力——這一詞彙不是描述肯定的狀態，而是描述「潛在的」能力。效能不是一個人能做什麼，效能也不是基於你的「天賦」或「個人能力」來衡量。相反地，這裡的效能是指你獲得資源來實現目標的可能性。換句話說，想提升潛在效能或自我擴張必須建立親密關係，如此便能增加物質、社會資源、各方觀點以及身分。

根據艾倫夫婦的說法，當兩個人建立一段關係，彼此會把對方的一部分融合到自己身上，以人類心理來說，我們會把他人視為自身的一部分，別人的資源成為我們的資源，我們的資源也成為別人的資源。

你透過人際圈獲得的資源可以是物質，比如金錢、產權或人脈網絡，也可以是抽象的他人觀點，比如世界觀、行為觀察，資源甚至可能是別人的時間、注意力或支援。

自我擴展的動機會引導人們尋求親密關係，根據艾倫夫婦的說法，我們會對特定的人感興趣，主要基於兩個因素：

- **有利程度**：這段特定的關係中我們能自我擴展的程度有多少。
- **可能性**：我們能夠與特定對象建立親密關係的機會有多少。

我們了解到，人的效能、能力和潛力並非絕對或與生俱來，更不是固定不變，而且總是依據其背景脈絡、人際圈不斷地變化流動。所以，你在每一段關係中所能取得的成就、所能學到的知識、能成為什麼樣的人，有著極大的差異。

在我和妻子蘿倫成為三名孩子的養父母時徹底理解這個事實。這三名孩子來自被親生父母忽視、沒有給予關注和資源的受限環境，事實上，親生父母放任他們整天待在電視機前。

在這樣的養育條件下，孩子哪有什麼潛力可言。即使盡了最大的努力，他們也很難取得成就。但是隨著環境和生活條件的改變，一夕之間，他們有了完全不同的潛力。

他們可以獲得我們夫妻倆的資源，包括親情、金錢、精力和時間。我們也願意投入大量心力教養他們，直到現在還是如此。我們因為他們跟不上學校課業而聘請私人家教，同時讓他們接受心理輔導、支持他們的體育興趣、帶他們上教堂、全家遊歷全美各地。除此之外，他們還可以從我們夫妻雙方的大家庭中獲取許多更多資源，像是與疼愛他們的祖父母一起搭船釣魚和旅行，還有跟一大票相愛的兄弟姊妹玩耍。他們可以接觸到我們所有人的知識和觀點，甚至是精神信仰。

這些資源和經歷改變了我們的孩子：私人家教培養他們技能和自信，擴展了未來的學習機會；心理輔導、教會信仰和親密關係使他們懂得調節情緒、處理壓力和焦慮，能夠迎接未來的未知挑戰；多次旅行和家庭生活經驗，以及被深愛他們的人與成功人士包圍，提升了他們的自尊心，從而產生更高的自我期許和目標。

重點是，參與人際圈可以擴大個人效能。效能是「產生結果」的能力，而這種能力基於你所擁有的資源，資源可以是經濟上的，也可能不僅於此。鼓勵、時間和專注力都和經濟支持一樣重要。資源不僅可以擴大你產生結果的能力，還可以轉化你個人，包括你的身分、世界觀和技能。舉個例子，有了鋼琴老師這項資源之後，你的琴技絕對會超越過往。

這就是成事在人的思維如此重要的其中一個原因，**心態轉變了，經驗跟著轉變**。如果總是埋頭苦幹，只會大大侷限了可以實現目標的資源。如果你的資源有限，你的潛力、選擇和未來也很有限。

但是，當你願意與其他人共同努力，你的效能會立刻增加。人際圈是轉化自我、超越當前限制、產生結果的途徑。人際圈就是人生的目的。

有研究具體指出，人際圈才是幫助人們戒掉成癮問題的解決方案，而不是意志力。如同作家兼記者約翰・海利（Johann Hari）在TED演講中所說：「上癮的反面不是清醒，而是人與人之間的連結。」對許多成癮者來說，匿名戒酒會（Alcoholics Anonymous）是不可思議的「人際」資源。當成癮者停止只靠自己努力，願意公開承認自己需要從別人那裡獲得支持，才是真正準備好改變的時候。

由此可知，想要達成目標，重中之重是挑戰自己長期被訓練出的第一直覺反應——找「方法」。當你的動機和效能主要取決於人際圈，而不是自己的能力，為什麼你要想著自己如何達成目標呢？如果說找方法會讓你困在原地，比如陷入成癮，為什麼你要堅持自己去做所有事情呢？

人際圈就是你擴展自己、提高效能的途徑！

隨著個人成長，成功結果愈取決在人而不是方法。總結來說，卓越的人都是運用人際圈獲致成功。你無法迴避這個事實。正因如此，你的所做所為必須從找方法轉向找人。同理，想在人生各個領域獲得自由，也不是獨自一人找到所有實踐的方法就能實現。

你需要「好的人」：配偶、父母、導師、老師、教練、協作者、共同創作者。最後，一切準備就緒了，你還需要員工和其他為你工作的人。

還有，員工、協作者和顧問……這些為你工作的人，不是因為他們的身分或能力在你之下，而是因為他們相信你。他們願意和你一起完成使命和願景，同時你也負擔著他們的家庭生計、建立他們的能力和自信，反過來你也成為他們人生中很重要的人。

愈多人將你視為他們的人，你會愈成功。正如激勵演說家吉格・金克拉（Zig Ziglar）所說：「只要你願意幫助別人達成目標，你就可以擁有想要的一切。」幫助別人達成目標，不是要你一肩扛起所有事情，而是運用你的資源來幫助別人完成他們的想要和需要，不管這些資源是什麼。

丹經常說，衡量自己進步的最好方法，是留意生活中你擁有的合作數量和品質。根據上述的心理學自我擴展模型來看，這種衡量方法非常合理。你個人的效能取決你所擁有的資源，而資源就是人際圈的直接副產品。每一段關係都可以當成為了某個目標而進行的團隊合作（第三篇會討論）。

檢視一下你現在的生活：

- 你在哪些方面缺乏協作和團隊？
- 你在哪些方面的願景設定過於保守，是因為只能靠自己完成所導致嗎？
- 哪些方面你需要更多人支持？
- 你已經擁有的關係中，哪些連結你沒有充分運用？

思考這些問題時，你考慮的範圍要廣闊，不只是工作和事業而已：

- 在健康的願景中有重要的人幫助你嗎？

- 還有家庭的願景呢？
- 在其他的興趣愛好中，哪些連結可以支持你？
- 你滿意現在生活、工作所處的環境嗎？
- 你人生中的各項發展是否擁有額外的資源和效能，還是你的視野被自己的能力限制了？

讓人參與你的目標是一種投資。通常我們缺乏這種投資決心的原因在於：我都無法全然相信自己的目標了，何必把別人也拖下水？不過，事實上正是投資的行為加強了你完成目標的決心。當你願意讓人參與其中，他人的認同行為會增強你認真專注的欲望與動機。不但將自己置於提升與轉化的層次上，還能獲得他人齊心協助。

例如，想改善身體健康很簡單，只要加入健身房、甚至請私人教練就好。沒錯，這是一項投資，一項你認為自己可能沒有能力進行的投資。然而，請了私人教練之後，你能夠擴展自己的健康和健身。你得到了所需的指導和支持，產生你想要的好結果。

此外，投資他人也可以降低分心頻率，讓你全心全意投入目標。更具體地說，允許他人加入你的行動，是你展現決心與承諾的途徑，是你成長和實現更好未來的途徑。然而，大多數人從沒體驗過這種隨之而來的承諾、動機和專注，所以才不敢輕易投資人。

相信我，你可以掌控自己的未來、擴展自己潛力，只要勇敢跨出投資他人這一步，一切都能獲得改善。事實上，這就是策略教練在做的事：提供創業家正確的心態、工具和社群，使他們的收入和影響力成長十倍或百倍。透過策略教練提供的教育和人脈，以及投資數萬美元的學費強化他們投入願景的承諾，創業家得以突破自身限制，達到人生的全新高度，進而擴展他們的身分、自信和自由。

我們的眼睛和耳朵只會看見與聽見大腦在尋找的東西。

問題是，你願意投資他人嗎？你願意承擔信念飛躍、堅定夢想的承諾嗎？還是你打算持續待在原地？

讓自己投入「找人不找方法」的遊戲，運用別人的資源來幫助自己實現一人之力無法完成的目標。運用他人的知識、時間和人脈，讓自己不再孤軍奮鬥，並專注於最需要你以及你最能發揮效能之處，擴展自我和你的潛力。

轉向「找人不找方法」時你會進化，自我擴展得更多：改變你的身分、觀點和資源。最重要的是，在人生的四個重要組成——時間、財富、人際圈和目標——獲得愈來愈多的自由。

重點一次看

- 「找到如何達成目標的方法」限制了你的知識和能力。
- 「找到如何達成目標的方法」要求你把時間和注意力投入特定任務。
- 「找到如何達成目標的方法」減少了你的時間自由。
- 「找到好的人」讓你立刻連結到不同的知識、見解和能力。
- 「找到好的人」能以最有效的方式獲得你期望的結果。
- 「找到好的人」可以立即讓你空出數百個小時，並將這些時間投入更好、更有意義之處。
- 「找到好的人」拓展了所有可能，你不再把自己視為達成目標的唯一實踐者。
- 透過他人的幫忙，你可以產生「自我擴展」的核心動機。

2

別讓完美主義與拖延症耽誤了你可以擁有的未來

「堆積了太多的明天，終究你會發現，除了一堆空洞的昨天之外，你什麼也不剩。」

——梅里迪斯．威爾森（Meredith Willson），音樂家

很遺憾地，大多數人把人生的大部分時間（如果不是全部的話）花在推遲最重要的事情。研究顯示，八五%到九五%的大學生都是慢性拖延症患者，換句話說，他們會因為無法快速完成目標而經歷負面、不理想的的後果。

你可能覺得這個數據比例很高，不過，由於普遍的科技和網路成癮，慢性拖延症患者其實仍在持續攀升中。根據近期研究顯示，過度使用網路會導致拖延，進而導致人們缺乏動機。

拖延也會破壞心理狀態，研究指出：

- 拖延會降低身心健康；
- 拖延會增加羞恥感和罪惡感；
- 拖延會增加重大心理健康疾病的症狀，如憂鬱症；
- 拖延導致人們做出糟糕的健康決定，引發其他健康風險，如身體不適卻不去看醫生救治。

儘管拖延的後果很嚴重，但上述這些後果只是表面上你看得到的情況，更深遠的影響甚至會摧毀你的人生，限制你的潛力。導致這些嚴重後果的原因在於，拖延阻止你實現目標，錯過因進步而不斷提升的自信。正如所丹說：「人的自信，源自朝著遠大於目前能力所及的目標前進。」

自信是相信自己有想像力、構思力和實現目標的能力。整合分析的研究指出，自信是你最近的表現或朝著目標前進所產生的副產品。藉由增強自信，你對未來的想像力也與日俱增。

拖延不只阻礙信心成長，也限制了想像力，阻止你追求更大的目標。人的身分很大程度由行為所塑造，當你侷限了身分或自我，就不再相信自己能實現遠大的目標。這種模式會讓你認為自己的未來就只能這樣了。總而言之，拖延只會帶來渺小的自我形象和限縮的未來。

未來是你的財產。

你不再信任自己。

你不再相信自己。

這些話聽起來很嚴厲，但確實精準地描述了大多數人的人生。研究表明，大多數人臨終前最大的遺憾，**就是從未採取行動去實現自己真正的夢想**。他們一再拖延自己去實現心靈深處的夢想，安於不夠好的狀態。

▼有智慧地將拖延轉化為成長的動力

「膽敢浪費一小時的人，必定不曾發現生命的價值。」

——查爾斯．達爾文（Charles Darwin），博物學家

剛剛我灌輸你們拖延非常糟糕，對吧？本小節裡，我要反駁這一切：矛盾的是，**拖延其實是一種智慧**。

拖延是一種心理現象，發生在你想完成的目標太多，卻缺乏知識和能力去完成的時候。

拖延的另一層含義是，你真心想要的目標或抱負很偉大，但是你卻不是執行計畫的好人選，至少現在不是。現階段需要有「好的人」來協助你，因為你不具備相關的知識或能力，如果你有，你就不會拖延了。

拖延是一種智慧——如果你用心聆聽。

如果你不傾聽，拖延只會導致痛苦和平庸。

拖延是非常強烈的信號，告訴你是時候讓人參與了。你卡住了，你需要別人的幫助。問題是：**你會找人幫忙嗎？還是繼續待在原地？**

抱負愈大，拖延愈久。有野心的人都有拖延症，這是懷抱著超出自己能力所及的遠大目標的一部分。

但是對大多數人來說，拖延永遠不會產生結果，只會導致沒作為、後悔和沮喪。一旦缺乏進步和自信，很快就會連追求目標的雄心壯志也失去了。

遇到拖延的時候你只有兩個選擇：第一個最常見、也是社會和公共教育系統訓練我們的方法，問自己：「**我該怎麼做？**」而這問題通常只會導致拖延持續下去。

第二種比較有效的選擇是單純地把問題轉移到：「**誰能幫助我做這件事？**」如此一來，你就能停止拖延和沮喪，並體驗到能量、自信和創造力。

這個問題真正要問的是：「**誰能幫助我實現這個目標？**」

誰擁有你需要的技術、知識、連結和專業知識來快速完成這項工作？

你需要培養這種自動反應，每當想到新的目標或願望時，就問「我該找誰幫忙？」

藉由改問這個好問題，你可以立刻有進展，朝著最大的目標前進。你可以運用別人的時間、知識、人脈和能力，不再受限於當前的自己。

應用成事在人的力量來消除拖延症，有兩個基本步驟：

一、徹底明確你的目標。

二、問自己：「誰能幫助我實現這個目標？」

▼一、明確你的目標來吸引「好的人」

「當你說出你想要什麼，就算只有一個人聽見，也可能開始產生迴圈。」

——喬書亞．沃夫．申克（Joshua Wolf Shenk），評論家

拉爾斯．烏爾里希（Lars Ulrich）高中的時候搬到加州橘郡。當時他癡迷於英國重金屬音樂的新浪潮，包括撒克遜（Saxon）、鐵娘子（Iron Maiden）和威豹（Def Leppard）

等樂團。

據烏爾里希自己說，他在高中裡非常顯眼，學校裡約有五百人穿著粉紅色的鱷魚（Lacoste）襯衫，而他是唯一穿撒克遜T恤的人。他是局外人，只做自己熱愛的事。別人看他的眼神，彷彿他來自另一顆星球。

烏爾里希覺得高中生活很孤單，於是在當地報紙《回收者》（*The Recycler*）刊登了一則分類廣告。他的廣告內容很簡單：一名鼓手正在尋找音樂家一起合奏。然後，詹姆斯・海特菲爾德（James Hetfield）回應了這則廣告。

第一次見面時海特菲爾德非常害羞，甚至不敢與烏爾里希眼神接觸。但他們對音樂有著同樣的熱情，後來共同創立了「金屬製品」（Metallica）樂團，專輯銷量超過一億張。

而這一切都源自烏爾里希知道自己的目標，他把願望刊在報紙上，然後這個目標吸引了「好的人」。那可是一九七〇年代，根本沒有網際網路、智慧手機和搜尋引擎。烏爾里希透過報紙分享他的願景來吸引志同道合的人。今天，我們擁有更加強大的工具可以連結世界各地的人來幫助我們實現目標。

所以，清楚明白自己想實踐的目標是第一件事。烏爾里希想和其他音樂家一起玩音樂。這就是他的目標。

為了建立好的連結，你必須清楚自己想要什麼，而且不只自己知道，還必須清楚地傳達給別人知道。

烏爾里希清楚地說出他想要什麼，傳達自己的願望給眾人，然後「好的人」，海特菲爾德，舉起了手。如果烏爾里希沒有明確說出自己的願望，他永遠不會遇見海特菲爾德，他們根本不可能一起轉化自我，打造出金屬製品樂團。他們也不會持續擴展自己的願景，最後收穫銷售一億張專輯的好結果。

烏爾里希需要海特菲爾德，海特菲爾德也需要烏爾里希。但是如果沒有烏爾里希的廣告，海特菲爾德的人生會怎麼樣？

其實有人已經準備好在等待了，就等你清晰地傳達願景。

看到這裡你可能想問，**好的人真的會自己找上門嗎？**

心理學有個專有詞彙「選擇性注意」（selective attention），是指分分秒秒都有大量未經處理的資訊透過感覺器官進入大腦，然而大腦意識會過濾資訊，只注意那些跟自己有關或重要的事情。這就是為什麼你買了一輛新車之後會開始留意到滿街都是相同車款，或是為什麼你總能在吵雜的房間裡聽見有人叫你。

丹有一句話精準地描述了選擇性注意的力量：「你的眼睛和耳朵只會看見與聽見大腦在尋找的東西。」

當你明確定義出自己想要的目標，而且也清楚所有成功的指標，你就得到不僅可以想像、還可以傳達的具體內容。隨著你向全世界傳達你想要的東西，願景會愈來愈具體，如同你能在數百輛車中輕易辨識出某廠牌的車一樣，你能找到你想要找的人。**沒錯，「好的人」會找到你。**

接著，你可能又想問，**有沒有具體的目標衡量工具？**

丹創造了一個工具來定義願景與專案的成功模樣，以及為什麼這件事如此重要。他稱這份工具為「影響篩選表」。

使用影響篩選表把願景及其重要性交代清楚，丹就能夠提供相關人員所需的資訊，讓他們順利地去執行。很多時候，人們因為整體願景不明確，也不清楚自己在願景中扮演的角色，而無法貢獻自己的可用資源。又或者，他們找不到其他擁有關鍵資源的人。

影響篩選表僅是一頁資料表，卻能解決最普遍的領導力難題，其中包括以下問題：

圖表 1：影響篩選表

1.計畫／重點

目標：你想完成什麼？
你的動機是什麼？

重要性：這件事能帶來的最大差異是什麼？
這件事有什麼影響力？

理想結果：完成計畫後會是什麼樣子？
有何報酬？

成功標準：計畫成功時，必須看到什麼特定的結果？

1
2
3
4
5
6
7

2.說服自己

最佳結果：如果你採取了行動，可能會怎麼樣？

最糟結果：如果你不採取行動，會有什麼風險？

姓名：

日期：

你可以到Strategiccoach.com/whonothow下載影響篩選表。

- 這個計畫是什麼？
- **目標**：你想完成什麼？
- **重要性**：這件事帶來的最大差異是什麼？
- **理想結果**：完成計畫後會是什麼樣子？
- **最佳結果**：如果你採取了行動？
- **最糟結果**：如果你不採取行動？
- **成功標準**：當計畫完成時，你必須看到什麼成真？

大多數人不會花時間明確定義目標，也不會花時間向別人解釋目標的意義，相反地，人們大多把目標藏在心裡。現在，有了影響篩選表的問題清單，你就擁有向他人解釋目標，以及為什麼目標如此重要的能力。清晰、有說服力地表達目標是成功最需要、也是最基本的技能之一。唯有如此，你才能獲得實現目標所需的支持。更具體地說，一旦願景被定義並且表達出來，「好的人」自然會被你吸引而找上門。有無窮無盡的天賦、技能以及資源等著你。有很多人正在尋找有吸引力或有意義的事物，他們想參與其中。每個人都期待擁有一份令人嚮往的志業，你的願景能幫助這些人，反過來，你也成為他們的人，你能幫助他們實現願景和目標。

每當你要實現新的目標，或是有想完成的特定計畫，先填寫完一頁式影響篩選表，闡明想法、定義願景，最後找人來執行。其實，如果你有確實完成影響篩檢表，表示你對成功的模樣一清二楚，自然也清楚知道誰最適合（需要具備哪些條件）幫助你執行這項目標。

▼二、問自己：「誰能幫助我完成這個目標？」

定義目標後，現在你要避免尋找完成這件事的「方法」。這對你來說可能是一種全新的練習。你可能會找理由說服自己：其他人可能不想參與、你可能無法負擔人事成本、你不太會領導他人等等。各式各樣的限制信念會湧進腦海，試圖把你的注意力集中在「我如何找方法完成目標？」，而不是「誰能幫助我達成目標？」。沒錯，把你的願景告訴別人需要勇氣，讓其他人參與其中也需要勇氣和領導力。丹經常說：「影響篩選表的第一個目的是說服自己接受這個願景，你得先說服自己，否則無法說服任何人。」

那麼，你被說服了嗎？

你真的想實現你的目標嗎？

這個願景是否沒得商量？

真的有那麼重要嗎？

你剛剛填寫的影響篩選表應該定義出這項計畫的重要性，以及如果成功了，你會獲得什麼；如果失敗，你會面臨什麼風險。

你清楚這些事了嗎？

如果清楚了，而這個目標或計畫又很重要，你會鼓起勇氣嗎？

你會找到人來支持你嗎？

你打算將他們與你的資源相加，從而擴展自己和你的效能嗎？

你可能還沒有意識到一個瘋狂的事實，那就是你絕對可以找到人。有很多傑出又有能力的人想要幫助你，也願意幫助你。你只需要把自己的願景告訴他們，跟他們解釋清楚，而影響篩選表已經協助你做到這一點。接下來，你只需要問自己：「誰能幫助我完成這個目標？」

一旦你辨識出能幫助你實現目標的人，就該讓他們加入你的行列。為了做到這一點，你必須確保自己與他們的願景相匹配，以及你確實可以成為他們眼中那位有能力的人。如果你能做到、如果實現你的願景能同時幫助他們轉化為他們想成為的人，那你就找對人了。

另一個建議，除非你非常擅長找人，否則你應該先找一個人來替你找人。例如，我的行政助理惠妮·畢夏普（Whitney Bishop）是尋找、篩選和雇用人才的專家。

每當又增加一個未來願景，我就做一份影響篩選表，把這個願景闡述清楚，然後決定需要找哪些人來實現。接下來，我會把這份影響篩選表交給惠妮，她會依據表單內容去尋找被這個願景吸引、舉手表示他們想要做這份工作的人。這些人擁有擴大團隊效能所需的資源。

外面世界人才濟濟，無論你端出什麼工作都會找到渴望這份工作的人。事實上，有很多人具備你需要的資源，他們也想參與你的計畫，與你一起實現目標，做那些你不擅長或不想做的工作，他們熱在其中。

你們為彼此的生活帶來幸福；得到彼此的資源；成為彼此的人。

舉例來說，如果我沒有雇用惠妮，她不會是現在的她。她不只收入豐厚得以持家，而且身為團隊的領導者，也掌握了不少過往工作環境無法習得的技能，讀了很多過去不會讀的書。她告訴我和團隊成員，這份工作改變了她的人生。

有趣的是，我無法想像沒有惠妮的自己會成為什麼樣的人。其實她也徹底改變了我的事業，大大減輕了我以前的工作壓力，是惠妮幫助我組建團隊、訓練員工、管理公司大小事。沒有她，我的目標不會這般遠大和振奮人心。

仔細想想這一切改變有多驚人。有一群準備好且願意付出的人，他們有能力幫助你執行目標。而你唯一要做的，是把自己的願景傳遞給這些人，清楚定義成功的模樣。在你與他們連結的那一刻，立即擁有更大的能力，產生你想要的好結果。

我把影響篩選表交給惠妮之後，她會按照自己的流程來徵才，然後篩選出最適合的人選。她有自己的一套標準，比如特定職位必須具備的特質和技能、面試後的觀感，以及她是否願意與其共事。

我不過問她的招聘流程，因為那是她的流程與工作，不是我的。這就是另一個「找人不找方法」的神奇魔法，我不需要、也不想要做這件事。我不是那份工作的合適人選。因此，我永遠不會指導惠妮「該怎麼做」。她在這方面很出色，也樂在其中。

這正是創業家和領導者最常犯的重大錯誤：事無鉅細地管理他們的「人」，堅持要他們的「人」用特定的方式執行任務，他們忘記了，其實最重要的是產出的結果。一旦你把成功樣貌定義清楚了，請要克制自己，不必親力親為地了解執行過程，唯一你要關心的是有沒有達成目標。

讓你的人用他們的方法做事。

如果你沒有你的惠妮，趕快把願景聲明發布出去，尤其是徵才網站和各大社群平台。不要害怕在社群平台上分享你的目標或影響篩選表，透過分享目標和願景，你會很訝異竟然能從這些平台得到你需要的幫助（我就是這樣找到我的惠妮）。

擁有能力不代表一定要使用。

重點一次看

- 人們把生命中的大部分時間浪費在拖延上。
- 當一個人有目標，卻自己找「解決方法」而不找「人」幫忙就會產生拖延。
- 拖延有許多負面影響，比如幸福感下降、受挫，最終失去雄心壯志。
- 矛盾的是，拖延其實是一種智慧，是你內心的天才在說：「這個目標太棒了！但我沒有能力執行所有事情！」
- 領導力包括把願景清晰明確地表達出來。
- 影響篩選表是一種書面工具，用於定義願景或目標，以及為什麼願景或目標對所有相關人士如此重要。
- 如果你從來沒有追求過遠大的夢想，問「**誰能幫助我實現這個目標？**」是個好的開始。
- 有無數傑出又有能力的人等著幫你忙，他們只需要聽到和理解你的願景。

3

在人生的各領域找到「好的人」

保羅．海斯（Paul Heiss）是IBCC工業公司（IBCC Industries, Inc.）的創始人暨總裁，這是一間總部位於中國的金屬加工公司，擁有七百多名員工。數十年來，IBCC將廢金屬製成卡車、牽引機和精密機械設備的零件銷售給客戶。

然而，在二〇一八年四月一日，這一切都風雲變色。中國海關關稅委員會為了報復時任總統川普（Donald Trump）的對中貿易戰，批准針對鋼、豬肉和廢鋁等產品提高二五％的進口關稅。

這對IBCC來說影響甚大。他們有六〇%以上的客戶都在美國，而總公司包括三間營運中的工廠都設在上海。一夕之間，公司運費成本飛漲，到底該怎麼做才能把客戶需要的零件以合理的價格運回美國？

IBCC是許多世界級大型重工設備製造公司的零件供應商，主要客戶有開拓重工（Caterpillar）。四月一日關稅法案一通過，海斯隨即接到大量憂心忡忡的客戶來電，這些客戶的競爭對手很多位於歐洲、日本和世界其他不受關稅影響的地區，所以他們極度關切自家公司的產品能否繼續在產業中保持競爭優勢。

眼見事態嚴重的海斯突然意識到，公司可能得將製造業務移轉到印度了。過去幾年，印度一直浮現在他的腦海中，總覺得「或許有一天」自己會把公司移轉到那裡。直到現在，這一天就是今天。客戶們迫切需要他，他必須迅速採取行動。

海斯的第一個問題是：「**我們該如何在印度啟動製造生產作業？**」困惑了一陣子後，他停止這種思考程序。他知道，如果自己有心得到最快、最好的結果，這個問題就問錯了。他上過丹的培訓課，所以他改問一個更好的問題：「**誰能幫助我在印度啟動製造生產作業？**」

然後，海斯建立了一份影響篩選表，列出一位新角色「國家經理」，並詳細描述這個角色必須具備的個人特質。這個人必須：

- 是土生土長的印度人；
- 有國際貿易經驗；
- 有製造業務的經驗和熟稔產業貿易相關知識。

當時IBCC沒有印度員工，所以海斯指派一名助手運用他建立的影響篩選表來徵才。與此同時，另一個迫在眉睫的問題浮現在海斯腦海中：「**我們要在哪裡設立工廠？**」印度有成千上萬個可以設立製造工廠的潛在地點，不過他必須花費數千個小時來篩選，就算如此，自己對印度一無所知，必定存在大量的盲點。

很快他意識到自己又一次問錯問題了。他需要的是人而不是方法。時間緊迫，而他必須獲致最好的結果。所以，他問了一個更好的問題：「**誰能幫助我們找到合適設立工廠的地點？**」

隨後海斯聯絡印度總領事，對方介紹他一位印度工業發展領域的領導人。這位領導人很快為海斯篩選地點，然後提出一份「最佳選擇」小清單，由海斯自己做出最終決定。

海斯短短幾天就拿到了清單，他不再嘗試埋頭苦幹，因為光靠自己可能要花好幾個月的時間，甚至好幾年。現在時間緊迫，他必須立刻為自己和客戶爭取最好的結果。

決定設立工廠的地點之後，他又面臨另一個挑戰：「**我要怎麼尋找印度的優良廢鋼料供應商？**」

這一次他馬上知道自己問錯問題了，立即換個問法：「**在印度，誰能提供優良的廢鋼料給我們公司？**」

海斯很快發現印度有好幾萬間供應商，然而就像工廠選址一樣，這決定事關重大。IBCC的產品好壞，主要依賴材料的品質優劣，就算海斯只挑出一百間供應商來篩選，過程也非常浩大。因此，海斯知道自己需要一位能替他找到供應商的人，而不是自己花時間、想辦法挑選供應商。

於是，海斯聯繫上一名剛從印度供應公司退休的前總裁。海斯聘請這位前總裁當顧問，向他說明自家公司生產的零件與用途，很快海斯又拿到一份精簡的優良供應商名單。

接下來，海斯親自動身前往這幾家供應商視察，判斷哪家供應的材料最好。問對問題的整個過程讓海斯能夠積極前進，在一個全新的國家快速展開業務。海斯沒有試著自己完成所有任務，而是與不同的人合作，前後只花了五個月就順利在印度落地開業。這速度之誇張，堪比超人的神速力。

你應該理解，找人不找方法重視的是「結果」，而不是執著於「過程」。讓你的人去擔心該怎麼做，相信他們會在指定的時間內達到預期的結果。不要鉅細靡遺地管理他們的執行過程，讓他們各自發揮。他們才是專家，你不是。

二〇一九年十二月，即二〇一八年四月一日開始徵收關稅的十八個月後，IBCC印度工廠營收超過二千萬美元，幾乎占該公司總收入的二五％。

透過這次移廠經驗，加上組建的新團隊，海斯信心百倍，現在他知道自己有能力、有潛力快速擴張。**如果我能在五個月內遷廠完成，我們一定還能完成更大的目標**。他很想知道：**我們還能如何成長？**他腦中充斥著各種可能性，未來似乎無窮無盡。他的門票就是成事在人的思維。

海斯的公司不僅變得更靈活，他也更有自信。因為這次經驗，現在他愈發相信成事在人的力量，組織團隊就能夠迅速完成重大且具有挑戰性的任務。他唯一要做的就是清楚地傳達願景，然後由他或助手找人幫忙，由「好的人」高效、妥善地完成任務。採訪時他充滿熱情地告訴我：

「現在我意識到，當我專注於人而不是方法的時候，自己的潛力實際上是無限的。我的目標不受自己的能力限制，世界上有無數的人才，他們的能力可以為我所用，幫助我完成任何事情。」

有創造力的人總是在創造自己的過去、現在與未來

▼單純地換一個問題，馬上轉換思維

「成功的最終量化標準是什麼？對我來說，不是你花多少時間做喜歡的事情，而是你花多少時間做討厭的事情。」

——凱西．奈斯塔特（Casey Neistat），Youtuber

多年來東尼．考德威爾（Tony Caldwell）一直在想：「**我如何吃得更健康？**」但是他就是做不到，直到他學會提出不同的問題：「**誰能來幫助我吃得更健康？**」

這問題對東尼來說簡直是革命性的改變，產生了一連串新的思維，得到他之前提出的問題和思維框架無法獲得的解決方案。他判斷請一位私人廚師可以讓他擁有健康的飲食，儘管如此，他是個大忙人，不想經歷找私人廚師的惱人過程。若考慮到他已經肩負的全部職責，連找一位私人廚師這件簡單的小事也成為一項艱鉅的任務。

所以他又拖延了一陣子，但是他想吃得更健康的動機愈來愈強烈，以至於不願意再忍受自己的身體浮腫、發炎和不健康。他想要身心充滿活力、精神抖擻。他厭倦自己長期無所作為、無法改變現狀。他也意識到，之前的問題和注意力都放在自己找到解決方法，妨礙了他取得好的結果，於是他把問題從「**我要如何尋找並雇用一名私人廚師？**」改為「**誰能幫助我尋找並雇用一位私人廚師？**」

改問這個問題不到三十秒，他就想到團隊裡有人可以幫他徵才找廚師。於是他委託這位同事幫忙，而同事也欣然答應。現在，東尼有了私人廚師為他和家人每星期煮五天的健康餐。這過程中他什麼事都沒有做。

沒有任何壓力。

只是單純換一個問題——把焦點放在人而不是方法上，東尼立即解決問題。更棒的是，他讓別人替他解決問題。

東尼現在將「找人不找方法」的概念廣泛且深入地應用於生活的各個領域。在私人領域方面，他希望改善全家人的生活品質、吃得更健康，同時合家歡樂地珍惜當下相處的時光。

在專業領域方面，東尼從事保險分銷領域的代理開發，原本已經要退休了，但理解了成事在人的力量之後，他找到各業務領域的人才，開始把過往一肩扛下的所有工作分配給不同專長的人來執行。

現在他決定不退休了，他說：「即使不退休，我也可以一邊專注當前目標，一邊設定新目標。感覺就像重獲新生一樣。」

現在東尼擔任一個深謀遠慮的角色，目標使團隊在未來三年內收入翻倍。換句話說，他的團隊已經具備能力準備展翅遨翔了，只需要東尼停止孤軍奮戰，騰出時間和精力為公司規畫更有前景的未來。當前他正以遠距工作的模式激勵和支持他的團隊，以此找尋前所未見的絕佳投資機會。

為了謀求大局，東尼應用了「找人不找方法」。對於東尼來說，把問題從「怎麼做？」變成「找誰做？」如同從黑暗的角落走向光明。與其問「**我們要怎麼做？**」不如問「**無論是找內部還是外部的人，我們可以找誰來實現這個目標？**」突然間，過去辦不到的一切都變成可能。東尼得以為公司計畫更大的目標，同時空出大量時間處理自己延宕已久的私人事務。

最近他把處理電子郵件的責任交給了助理。剛開始這一轉變對助手來說充滿挑戰，但能力隨著時間累積，她漸漸掌握主動權，擴大自己的機會和責任，進而增加了自己的工作能力，未來職業生涯也更有前途。

回過頭看看東尼，不需要處理電子郵件（以及其他低階的任務與決策）之後，他擁有更多的時間自由。他決定重拾一項拖延了很多年的計畫，就是駕駛飛機翱翔天際。他之所以遲遲未動身，主要是每次飛行他都得請好幾個星期的假。

現在因為他善用人才，而不是孤軍奮戰給自己施加不合理的壓力，擁有的時間自由讓東尼不再被工作搞到精疲力盡，他可以盡情享受駕駛飛機的樂趣，現在他會花幾個星期在飛行、娛樂和修復身心。

東尼在策略教練的某次課程中聽到了「找人不找方法」的概念，才短短九十天之內，藉由找人來處理他過去做的各項事務，立即空出了當下和未來的數千個小時。東尼這麼告訴我：

「還能空出的時間愈來愈少，基本上我已經把所有時間都騰出來了。但是我還在思考時間自由這件事。我有一份清單，上面有大約二、三百個小時的任務，我想要把這些事務再分配出去，所以我問自己：『好吧，我要怎麼做才能擺脫這些東西？』」

你還想繼續浪費時間，以及忍受把時間耗在痛苦的事情上嗎？

如何度過你在世上的每一秒很重要。你忍受了什麼，就會得到什麼。

你可以從小處開始。每一個小小的勝利都能建立自信，堅信自己可以創造自己想要的生活。哪些任務和干擾對未來的自己沒有必要，就從刪除這些事情開始做起。通常我們執行某項任務只是出於習慣，如果可以完全不做，那就不要做。未來的你會感謝現在做出決定的你。

孤立是幻覺的沃土。

▼每九十天最大化你的時間，把行動化為好習慣

海斯花了五個月將工廠從中國轉移到印度，然後花了十八個月讓印度的新工廠增加二千萬美元的收入。由於他運用了「找人不找方法」的概念，所以這速度快到令人難以置信，不過要取得自己想要的進展，仍然需要一些時間。

遠大的目標不可能一蹴可幾，某些目標也許大到需要幾年時間才能實現。即使如此，你仍然可以每九十天就有大幅進展。把你的目標拆分成九十天的量，有利於集中注意力和激勵自己。把目標分解成較小的步驟，你就可以更直接地關注眼前的事。你可以取得明確、短期的進步，然後每隔九十天回顧一次，衡量這些明確的進步能讓你感受到不斷前進的動力。

丹發明了一種他稱為「移動未來」（Moving Future）的方法，幫助人們最大化地利用每九十天的時間。有趣的是，移動未來實際上是要你反思過去九十天裡完成的事情，幫助你實際感受不斷前進的動力。

移動未來也是一頁式表格，以下內容涵蓋的問題，能幫助你每九十天就精進時間的運用方式：

- **前一季的重要成就**：回顧過去三個月，你完成了哪些最自豪的事情？

- **審視重點領域的進展**：目前執行的所有事物中，哪些領域的進展讓你最有自信？

- **展望下一季的目標**：接下來三個月，哪些新的發展、專案或目標最讓你興奮與期待？

- **未來的九十天的最優規畫**：現在的你可以完成哪五項新「躍進」（進展）來讓下一個季度成為最好的一個季度？

1.
2.
3.
4.
5.

每隔九十天，隨著你愈專注與投入，完成的事情會愈多。每次回顧過去，你一邊驚訝於自己產出的結果，一邊享受自己的進步。每隔九十天，你對未來的興奮感就會增加。

每隔九十天，你可以透過增加人手來妥善安排任務，減少自己要做的事。隨著目標每九十天前進一大步，你的自信隨之成長，願景隨之擴大，找更多人來協助你的欲望也隨之增加。

試著回答上述一頁式移動未來表格的問題，闡明在接下來的九十天裡你想

> 比起以後才被人想起，現在就當個有用的人更令人心滿意足。

要完成的計畫或目標，然後問自己：「**誰能幫助我完成這件事？**」

挑戰：在接下來的九十天裡，無論你選擇朝生活中的哪個領域發展，至少為自己的目標增加一個人。藉由新增一名幫手，你投入目標的專注度會提升，行為也獲得改善。而你對自己在該領域取得更好成果的自信，在未來九十天之內也會大幅提高。

重點一次看

- 當你不再問「怎麼做？」並開始問「找誰做？」，你的潛力將無窮無盡。
- 當你問「找誰做？」你創造結果的速度是問「怎麼做？」的十倍，甚至百倍。
- 你可以在私人和專業領域中使用「找人不找方法」。
- 你可以透過找幫手，釋放未來數千小時的時間。
- 把自己從「找方法」中解放出來，你會擁有全新的目標感和清晰感。你會感覺自己被賦予了另一種人生。
- 透過「找人」來支持你生活中各個領域的抱負，就可以每隔九十天釋放出更多時間、精力和注意力。

PART 2

創造財富的自由

4

善用時間才能創造人生價值

「效率是把事情做對，效能是做對的事情。」
——彼得・杜拉克（Peter Drucker），現代管理學之父

一九九七年迪恩・傑克遜（Dean Jackson）從多倫多搬到奧蘭多。在多倫多他是一名房地產經紀人，由於決定與朋友喬・斯坦普夫（Joe Stumpf）合作，創建教練事業輔導房地產經紀人，所以每個月迪恩會飛到舉辦教練活動的地點待一個星期，其餘時間則在家工作。

迪恩來到奧蘭多之後雇用了一位叫曼蒂的女士，每週幫忙他打掃公寓一次。突然間，迪恩意識到或許曼蒂不光會打掃房子。他想：「如果曼蒂能做好『維持一個星期』生活機能必備的所有事情呢？」比方說，打掃房子、洗車、洗烘衣物、填滿食物庫存……就是住公寓一星期必備的一切。

迪恩問曼蒂是否有興趣承擔額外的責任，做為交換，曼蒂獲得加薪，自己也會大力推薦曼蒂的服務給有需要的人。曼蒂欣然同意了，馬上迪恩住處的所有需求立刻得到滿足，每個星期公寓都像「重新開機」一般，獲得一週生活所需的一切：乾淨的車、乾淨的房子、乾淨的衣服、擺滿食物的冰箱。

迪恩再也不用煩惱這些家務事，他的時間和思緒經歷了一次自由升級，使得他的賺錢能力急劇增長。對迪恩來說，曼蒂絕對是個傑出人才，同樣地，迪恩也是曼蒂的重要人士。她喜歡打掃工作的靈活度和收入，迪恩對她而言是一位優質的長期客戶。

投資在人的身上，不但可以運用他人的時間和資源，同時也能解放自己，把時間和注意力集中在最有價值的事情上。如此一來，賺錢的效能跟著提高。這就是「財富自由」。如果生活中不增加人手支援自己，你很難提高財富自由。財富自由代表有足夠的金錢來解決可能遇到的各種問題，正如你將在第六章讀到的，如果有足夠的財富來解決問題，你就不會有問題。

有了這次經驗，加上時日累積，迪恩確定了他想要的人生。下面的列表就是迪恩設計來衡量他的財富自由：

當……時，我知道自己成功了：

1 我每天醒來都能夠問自己：「今天我想做什麼？」
2 我的被動收入大於我的生活需求。
3 我可以選擇住在世界上的任何地方。
4 我正在從事一些讓我振奮、能發揮所長的事。
5 我可以暫別職場幾個月也不會影響收入。
6 我的生活中沒有愛發牢騷的人。
7 我戴手錶只是出於收藏愛好。
8 我沒有時間義務或最後期限。
9 我可以想穿什麼就穿什麼。
10 我隨時可以退出任何活動。

這是迪恩對成功的定義，根據這張列表，他在生活的各領域找到了自己的目標。多年之後，他仍然讓曼蒂照料他的住處，另外還多了莉莉安，迪恩的行政助理，負責處理各種業務需求，像是文件、電子郵件、電話、帳單以及迪恩的行程表，都由莉莉安經手。

史都華是迪恩的首席營運長。每當迪恩有了新想法就會告訴史都華，史都華的職責就是實現迪恩的想法。史都華是團隊的實際領導人，有權決定讓團隊中的誰來執行迪恩想出的專案。

這些人（當然還有更多人）都是幫助迪恩創造自由和成功的人。同樣地，迪恩也是這群人的重要人士，幫忙實現他們各自的目標。

「找人不找方法」這句短語正是迪恩創造出來的，再由丹擴展並精鍊成概念。他和丹共同開設一檔名為《拖延的喜悅》的播客，在節目裡討論創業與自由的各式想法。在迪恩看來，創業有兩種問題：**技術性問題和適應性問題**。

技術性問題是當答案已經很明顯的時候，你只需要找出執行方法的人就好。例如，當你想架設WordPress網站，這就是技術性的問題。市面上有教學課程、YouTube影片，以及專門架設網站的公司可以協助你完成這項任務。所以，當你面對技術性問題，最好先問自己：「**誰能幫助我做這件事？**」為什麼？答案很簡單，因為當你問：「**我要如何建立部落**

格？」等於是給自己找了一個巨大又長期的任務。迪恩解釋道：

「一個人的時間和注意力是線性且有限的。每個人都只有二十四小時。所以，當你問自己『怎麼做？』，你成了那位要去找尋學習管道、學會怎麼做的人。還沒完，學成之後，你是那位在不確定的未來下達任務的人，而且未來的某個時候，當你決定雇人來做這件事，也是你要訓練他們。」

迪恩認為時間非常重要，更把**注意力視為王冠上的寶石**。人的注意力大多只能專注在一件事上，即使那件事容易令你分心。而找解決方法的問題出在，基本上你是告訴自己：「我願意把有限的注意力花在這項任務上——找出如何學習、學會、確實執行，或許有一天還要訓練別人怎麼做。」這種想法對時間分配有害無益，直接減少你可以創造財富自由的時間。

當你把時間和注意力放在更有影響力的活動上，財富自由就會出現。只要你下定決心擁有更多財富，願望就會成真。你可以透過增加幫手來協助你處理容易分心的事物，然後把注意力和精力放在你可以直接增加收入的計畫。

所以現在問問自己：**你真的想把注意力集中在這項任務嗎？**你能更有效能、以更振奮人心的方式運用時間嗎？你能找到願意為你做這件事的人嗎？找一個想做這件事，而且給他機會他會把你當成重要人士的「人」。

每當你問「找誰來做？」立刻提升自己的能力和自由。迪恩把人看成一條多功能腰帶，每添加一個人來為你處理一項任務，就等於腰帶上立刻新增一項技能，比如寫WordPress部落格的能力。

「自己找方法解決」需要花費你的時間和注意力。

「找專門人才來處理」需要的是別人的時間和注意力。

根據迪恩的說法，適應性問題與技術性問題不同，沒有已知的答案。正因為沒有答案，所以需要創造者。而你就是那個人。過去所有的發明或創新，都由人來完成、由人扮演創造者的角色、由人解決適應性問題。

迪恩選擇創造產品、指導人們以及主持播客，因為這些事都是適應性問題。沒有人能說出迪恩所說的話，想到迪恩所想的東西，或是以迪恩的思維方式分析事物，他是唯一直接接觸自己大腦和願景的人，換言之，他做那些只有自己能做的任務。至於其他的事，找擅長的人來做就好。

你能為他人所做的最有用的事，就是賞識他們的價值。

▼解放大腦更容易進入心流狀態

「文明的進步是透過擴展無需思考就能執行的運作數量。」

——阿爾弗雷德．諾斯．懷海德（Alfred North Whitehead），數學家

「一旦我做出了決定，就不再去想它了。」

——麥可．喬丹，運動員

雅各．蒙地（Jacob Monty）是德州休士頓的勞工與移民律師。在過去十年裡，他陸續放手許多自認為必須自己做的事，駕車正是其中之一。從一九九四年開始，丹拒絕親自駕車上路，善用乘車時間將注意力放在其他事情上，雅各聽聞此事之後大受啟發。

隨後雅各聘請了一名司機，結果他開會再也沒有遲到過。他不再壓力纏身，開會也準備充分，因為他可以把上下班通勤時間拿來準備會議，而不是開車。

自從有了優步（Uber），雅各到哪都用它。比起開車，他把待在車裡的時間運用在工作或打電話上更有價值。優步不僅每天為雅各節省下九十分鐘左右的時間，還能運用這段時間產出高品質的結果，進而提升了整體生活品質。他不再匆匆忙忙或遲到抵達目的地，

也不再浪費時間找停車位，甚至上演停車場狂奔記。

當車子抵達目的地的大門，他只要從容地下車走進會場就好。雅各的壓力值也比以前低很多。參與高風險會議的時候，他的思維比以往清晰、專注，心態和精神也更好。他能在會議中發揮影響力，領導力也更有效能。他很成功，總體來說，也更快樂了。

只要花費大約五十美元的優步車資，加上找司機也很容易，雅各就能在會議上發揮十倍影響力，對他來說，這產出的價值高達數萬，甚至數十萬美元。

雅各用九十分鐘的通勤時間來準備會議，增加會議效能，創造更大的機會。不過，他也不完全利用那段時間來準備會議，而是深入思考其他事情，比如構思新專案，或接觸潛在客戶和合作者。在騰出時間的同時，雅各也解放自己的思想。隨著思想開闊了，他能創造贏得更多財富的機會。

心理學有一個概念叫決策疲勞（decision fatigue），意思是一旦大腦權衡決策過多事情，人的能量和意志力就會耗盡。即使是很小的壓力源，比如找停車位或擔心開會遲到，也會讓大腦疲憊不堪。

把自己從各種任務中解放出來，不僅解放了時間，更重要的是解放自己的大腦，讓思緒漫遊到不同的地方。有了自由的思想，你可以開始有創意地擴展願景，尋找以前沒有考慮過的新機會，投資於教育、輔導或合作。

雅各把自己的大腦從開車所需要做的決策中解救出來，他不用再判斷交通號誌、停車標示等等，而是請司機來做這些決定。在司機做著交通決定的時候，雅各的思想可以集中在他想要思考的任何事情上。

那你呢？

此刻，你的大腦被當前正在思考的事卡住了。

如果騰不出時間，思想就會持續被禁錮。解放了時間，等於解放了思想。你的大腦自由之後，思想會上升到更高的層次，進而提升自信獲致更好的想法，並有時間和精力專注於提升自我和深造、精進技能和手藝。你也將擁有時間去創新、拓展願景或服務。

解放大腦遠遠不只解放想法這個好處，更重要的是你有精力去發揮、完成偉大的工作，因為舞台已經為你架設好了，不用你自己打造。所以，與其把時間花在自己做完所有的事，不如運用時間和自由的思想來發揮最佳的表現。你整個人會神清氣爽，做好萬全準備，有足夠的能量專注於你熱中效力的事，成為表現出色的「世界級」人士。然後，隨著你獲致成功，加諸在你身上的要求也會與日俱增，為了避免被大量需求淹沒、甚至困住，你也會需要更多人來幫忙。

高水準的表現和持續培養技能，都需要高度的專注力和心理學家所謂的「心流」，也就是純粹沉浸於你正在做的事。只不過，隨著人愈來愈成功，心流狀態也愈來愈難產生。世界上沒有屢試不爽的方法，為了在每個階段繼續進步與成長，需要有人來幫忙你處理那些隨著創建工作和影響力擴及更多人而日益複雜的問題。

做過多的決定除了讓人遠離心流狀態，也會耗盡意志力，最終榨乾願景。找人來處理大部分的瑣事，你可以獲得空間。有了空間，你的願景才能擴大。有了更偉大的願景，生活品質和收入才會飆升，就像我們的朋友雅各一樣，他放棄了開車這件瑣事，隨之而來的是壓力驟降，注意力更集中，收入也增加了。你也可以，**從投資「你需要的人」那一刻起**。

你想要自由的思想還是禁錮的思想？

如果你只要做出「新增一名幫手」這項決策，而不必處理因考慮過多細節所造成的決策疲勞，你的生活將有什麼改變？你拖著不找幫手的時間愈長，你的想法會愈受限。

我在應用「找人不找方法」的時候，最明顯的感受是緩解了自己決策疲勞。我的第一本書《意志力不管用》（*Willpower Doesn't Work*）就是靠自己做完所有的事，出版前直接與出版社提案交涉，出版後還幫自己安排所有媒體和播客通告。這代表我必須做很多決策、花很多腦力，更不用說花費的時間了。全都安排好之後，我還必須鼓起勇氣接受採訪來推銷這本書。

把所有複雜的事和決策都攬在自己身上，絕對不是最聰明的做法。我的時間緊迫，意志力也被耗盡了。儘管我寫了一本關於意志力為何不管用的書，但我還是依靠意志力來推行這本書。

結果當然不管用。

書還沒出版，我已經筋疲力盡，因此沒有體力（和時間）在書出版上市之後繼續推銷。結果就是，我沒能達到自己的目標——登上暢銷書排行榜，以及賣出預期的銷售量。

我到處靠自己找方法的同時，也把自己困在這項目標的複雜性和挑戰中，失去了專注力和信心。由於每件事情親力親為影響了銷售成績，連帶影響我的財富自由。你必須先投資在人身上，才能增加你的自由。你必須站出來，用更聰明的方法把事情做得更好，而不是自己埋頭苦幹。

值得慶幸的是，準備出版第二本書《我的性格，我決定》的時候，我已經從丹那裡學到成事在人的力量了，因此我沒有親自處理所有的電子郵件，陷入安排行程和敲媒體通告的混亂之中，而是雇用（更確切地說，讓助理惠妮去雇用）一位專門負責這項任務的人。我唯一要做的就是完成一張影響篩選表，明確說明我要找的人——有條理、善於處理電子郵件、安排行程、管理與溝通各種人際關係——讓一切變得更簡單。

蔻妮之所以加入我的團隊，是因為在閱讀了影響篩選表上定義出的（我的）願景和（他的）職務角色之後，她立刻認同這些內容，並知道自己能夠大展身手。這份工作內容很客觀，注重結果：**在二〇二〇年度幫助我敲定二百個播客通告**。想完成這項任務，蔻妮需要花費心力聯繫一些重要的利害關係人，比如聯繫出版社、公關人員，並來回溝通所有的宣傳、排程等事宜。不過，對我來說就很簡單了，我唯一要思考的就是出席這件事情而已。

每天一早我會打開行程表查看，如果有播客行程就動身出席。從二〇二〇年二月開始，我每天醒來都有五個播客行程，我的收件匣裡會有一封電子郵件，裡面有播客錄製地點的所有連結。

我什麼都不用想。

完全沒有決策疲勞。

蔻妮已經完成了上千個行動和決策，舞台都替我準備好了。由於不需要理會搭建舞台的所有事務，我可以直接出席並發揮高品質的表現。我沒有因為決策疲勞而耗盡意志力，也不需要為了安排數百個播客而在各種人際關係中遊走，我有幫手（蔻妮）替我做這些事。

雇用蔻妮是一種投資。當然，找理由不花錢聘僱她更容易，但是如果不投資蔻妮，我的願景和所能完成的目標會大受限制。我的目標會因為沒有幫手、沒有時間專注於自己想做的事情而限縮。不聘僱蔻妮，我的**時間自由**就會減少，更直接限制**財富自由**。

有了蔻妮，我的目標擴大了，我決定爭取一年內上遍六百個播客。光靠我自己，這個需要有組織能力的目標根本不可能成真。但在蔻妮的幫助下，這目標變得可行，而且沒有壓力。對她來說，雖然挑戰很大，卻也振奮人心。她喜歡這份工作，喜歡看到我因她的貢獻而擴大願景和目標。

這個計畫規模愈來愈大，實施起來卻相當順暢，我很開心，也想繼續投資蔻妮。我告訴她，如果我們達成新的願景目標，我會支付她一萬美元的獎金，這筆回報讓她興奮無比，因為她打算重返校園，而這筆獎金足夠支付大部分的學費。我只是做了一個決策——雇用一個人——從此再也不用考慮怎麼安排播客了。

有些人不願意投資像蔻妮這樣的角色，因為他們**不把人視為一種投資，反而視為成本**。他們只擔心要花多少錢，而不去想找人可以擴充他們的願景，讓他們騰出更多時間。我花在寫書和錄製播客上的時間價值，是安排播客事務的十倍、甚至百倍。如果我把時間拿去安排播客，**等於減少了時間和金錢的自由**。有了蔻妮的支持，我才有了更多時間和金錢。最終，蔻妮和我都比雙方還沒有合作之前要成功。我在她的協助下曝光率更高、賺得更多。而因為我賺得多，她的收入也跟著水漲船高。

這就是「人」很值得投資的原因。更具體地說，這是在投資自己。藉由每次投資「一個人」來釋放自己，就是大量投資你自己。你可以專注於未來能夠產生重大影響力的任務，也不會再有決策疲勞，你的願景得以擴展，收入也大幅提高。你可以問問自己：

- 我要投資「人」嗎？
- 我想解放自己的時間和大腦嗎？
- 現在生活和工作的哪些領域最需要幫手？

請記住，你還必須提出新的問題：**「誰能幫助我實現這個目標？」**做出增加幫手的決定，並將自己從某個領域的決策疲勞中解放出來。研究清楚指出，要做的決策愈多，做出決定的品質愈差。你必須做更少但更好的決定。你需要有人來處理大部分的的決策——無論是計畫還是組織——幫你做好準備。不要自己架設舞台，又上場表演。不要掛心任何事情，只要出場並盡你所能展現最好的自己。

透過更珍惜且最大化時間，你能從根本上提高收入。你不會為了日復一日的緊急事務奔走，你的工作品質會提高，願景也會更加清晰。有人會替你處理許多（如果不是大部分）後勤決策，還你時間自由去做那些最終會創造大量財富的決策。

你可以擁有你熱愛的一切，只要你放棄自己討厭的東西。

▼珍惜時間的人可以獲得財富自由

「時間就是金錢」
——班傑明・富蘭克林（Benjamin Franklin），博學家

關於時間重要性的描述，前面這段引言可能是最耳熟能詳的金句。這句話出自富蘭克林，他以高生產力且超高才能而聞名，八十四歲時的他是有影響力的政治家和外交官，也是演員、音樂家、發明家和諷刺作家。他深知時間的價值。

我們在第一篇已經廣泛地介紹了第一個自由：時間自由。當你開始認真對待自己的時間，那麼第二個財富自由就會發揮作用。

金錢會避開不珍惜時間的人。只有改善時間、珍惜時間、有效運用時間的人才可以體驗到財富自由。只要願意找人來處理各種事物，就能夠有效地把時間花在可以產生最大影響力的事情上。

你的願景會成長，所以需要賺更多錢來支持它。正如成功企業家查爾斯・哈尼爾（Charles Haanel）在《萬能金鑰》（*The Master Key System*）中解釋：

「在心中想像願景，使其清晰鮮明又完美，然後堅定地抓住它，方法和手段就會接著發展出來，供給將跟隨你的需求而來，你會受到引導，在正確的時間以正確的方式做正確的事情。真誠地渴望將帶來自信的期望，而這必須來自於堅定的需求。」

從動機來解釋，供給確實會跟隨心裡的需求而來。當你相信自己必須做某件事的時候，就會找到完成它的能力。這就是為什麼最後期限如此強大。當有需求或要求，你就會找到動力。沒有這種迫切的需求，你所需要的動力就不會出現。

著名的歷史學家威爾．杜蘭特（Will Durant）這樣解釋：「如果人有需要或情況迫使，普通人的能力也可以翻倍。」心理學稱其為比馬龍效應（Pygmalion Effect），意思是人的表現會根據周遭人的期望上升或下降，當要求很高的時候，表現就會提升；要求不高的時候，表現就平平。

瑞克斯學院（Ricks College，後來改為楊百翰大學）前校長大衛．貝德納（David Bednar）講過一則故事，進一步說明了需求可以促進供給的概念。在故事中一名年輕人想測試新買的皮卡車性能，於是他把車開進雪山，結果輪胎陷在厚厚的積雪裡。沮喪的他決定下車砍點木柴載回家用，並希望開車路過的人可以幫助他，不過直到他砍了一車的木柴都沒有車子經過。無計可施之下，他回到車裡禱告，然後試著倒車看看。令人驚訝的是，木柴的重量恰好給了輪胎脫離積雪所需要的牽引力。

貝德納解釋說，正是這些木柴提供的牽引力，年輕人得以擺脫積雪繼續前進。這個原則也適用於把人加到你的目標裡，讓他們參與其中。你需要提高自己的要求，讓自己專注於獲致成功。你需要某種環境和情況，迫使你達到目標水準。為了做到這一點，你要增加「自己」和「他人」的要求來產生預期結果。壓力可以讓水管破裂或形成鑽石。你需要壓力才能成功，而你能藉由投資「人」來增加壓力，迫使你更善用時間，進一步增加收入或財富自由。

現在的流行文化讓人們不再珍惜時間，反而想靠中樂透一夜致富。他們想要財富自由，卻不去爭取時間自由。他們想要輕鬆獲得財富自由，但這不是創造自由的方法。自由來自目標、投資和團隊合作。通常中樂透的人對擴展自我不感興趣，也不曉得該如何運用時間，所以很快他們就會失去所有的錢。坐擁財富卻不重視時間，只會導致暴飲暴食、自我毀滅和做出糟糕的決策，直到金錢迅速消耗殆盡。

不要扭曲自己，吸引到你不想與之合作的人。

只有珍惜時間的人才可以在金錢國度累積更多的自由。

重點一次看

- 只有實現時間自由，你才能擁有財富自由。
- 透過解放時間，你得到了釋放思想的無價好處。
- 透過解放時間，你可以專注於更有影響力的活動，比如制定策略或創新，這些都能自動地增加你的收入。
- 改善運用時間的方式會自動提高賺錢的能力。
- 做出「在生活的特定領域添加一位幫手」的簡單決定，就能消除該領域的決策疲勞。
- 想有出色表現並增加收入，消除生活中的決策疲勞就是你的主要目標之一。

5
愈專注目標，達成目標的承諾與自信愈強大

「承諾是對現狀的陳述。你可以透過結果，而不是透過你說的話，判斷你的承諾是什麼。我們都有堅定的承諾，我們都在創造成果，承諾是由結果來證明。」

——吉姆．德邁（Jim Dethmer）、黛安娜．夏普曼（Diana Chapman）與凱利．克萊普（Kaley Klemp），《自覺領導力的15項承諾》（*The 15 Commitments of Conscious Leadership*）共同作者

二〇〇八年的金融危機嚴重打擊密西根州的汽車產業，一名年輕律師妮可．威普（Nicole Wipp）在當地律師事務所找不到工作，因此她決定創辦自己的公司。

在接下來的一年半裡，妮可單打獨鬥，每週工作八十到一百個小時。除了上法庭的時間外，她還要研究各種個案、撰寫法律文書、回覆電子郵件，與客戶通話的時間更達數千

分鐘。用他的話說：「我咬牙苦撐。」

其實妮可的身心已經瀕臨崩潰，情況變得太糟糕了，她甚至考慮離開法律業一走了之。孤軍奮戰讓她疲憊不堪，一個人做完跟三至四個人團隊一樣多的工作，完全沒辦法好好休息。她的腦子裡總是塞滿事情，無時無刻都在思考那堆沒完沒了的工作。他無法休息和修復身心，不能和所愛的人好好相處。最重要的是，他非常想要一個孩子。

有些事情必須改變。

她想要時間自由，這樣才能當媽媽；她想要財富自由，過著她認為自己和家人應得的生活。在折磨自己和咬牙苦撐的日子裡，儘管她很有當律師的天分，工作時間也驚人的長，但是賺到的錢甚至不足六位數。

後來她決定不要離開法律業，而是換一種工作方式。她邁出了一大步，雇用第一名員工，但是最後卻演變成一場災難，因為那時候的妮可還不清楚自己的願景，也不清楚新員工的具體角色。她亂了方寸，只能處在被動反應的狀態。不過從第一次雇用員工的經驗中她學到了很多重要的事情，從此懂得「找人不找方法」的精髓。

例如，她理解到其他人有足夠的能力做她正在做的大部分事情。事實上，其他人比自己更有能力。她還發現，休息和遠離工作對自己的幸福與自信至關重要，甚至直接影響她的業績和收入。

每投資一項願景，你想完成這項願景的決心就會增加。透過投資最初的那名員工，以及經歷了痛苦的教訓，妮可的決心更加堅定。心理學家稱這種現象為「承諾升級」（Escalation of Commitment）：一旦決定投資某件事，你會變得更投入。

這種不斷增加的決心，讓她清楚地闡明了自己的人生願景，包括要住在哪裡（她最近和家人搬到夏威夷）、工作時間多長、參與哪些領域的專案以及要賺多少錢。

有了這種清晰的願景，她就能夠建立一支與自己同樣投入、能力強大的團隊。她聘僱幾名受過培訓、懂得如何產出結果的全職員工。所以妮可不需要手把手帶著他們，只在他們需要的時候伸出援手。她很為團隊著想，必要時也可以為他們赴湯蹈火。

妮可希望員工能夠建立她早已對他們抱持的信心。例如，她曾經帶著助理參加一場商業會議。會議期間有小組練習，每個人都要起身向小組成員自我介紹兩分鐘。妮可的助理嚇壞了，不想這麼做，他想擺脫這一切，但是妮可不肯放過他。

這位律師助理不情願地完成了練習，並在這場會議中增強自信和遠見。律師助理正經歷轉變，有了妮可的鼓勵，他得以突破自己的情緒障礙。

對妮可來說，專注於具體的結果，並讓團隊參與其中很重要。為了做到這一點，自己不能縱容他們，必須讓他們接受挑戰。你的人必須面對問題，並且自己克服障礙，否則永遠不會有信心和決心來實現你的願景——以及他們自己的目標。

妮可實踐了心理學家所謂的**變革型領導**（Transformational leadership）。變革型領導理論是世界目前首屈一指的領導理論，包含四種特質：

1 **個人化關懷**：身為領導者，你關注每位團隊成員的需求，扮演每位成員的導師或教練，傾聽他們的顧慮和需要。你給予同情和支持，保持溝通順暢，把挑戰擺在團隊面前，讓他們成長。你尊重並慶祝每位成員對團隊做出的貢獻。

2 **智性啟發**：身為領導者，你挑戰人們的假設、承擔風險，並徵求團隊意見。你激發和鼓勵團隊的創造力，培養並幫助團隊成員獨立思考。你幫助他們建立信心，讓他們能夠自己做決定、承擔風險。你認真地看待學習，非常看重那些意想不到的情況，並將其視為學習的機會。你允許團隊成員問你問題，但是最終由他們自己決定最好的執行方案。你不會事無鉅細地樣樣干涉。

3 **鼓舞人心的動力**：身為領導者，你清晰地向團隊表達有吸引力和激勵人心的願景。你挑戰團隊，提高他們的標準，同時傳達對未來目標的樂觀態度，以及他們手邊任務的意義。團隊的每位成員都必須有強烈的目標感，這樣才能激勵後續行動。目標和意義是推動團隊前進的能量。身為有遠見的領導者，你必須有說服力，強而有力地傳達願景。你必須讓願景變得可理解、精確、強大、吸引人，這樣團隊才願意集中精力投身任務。他們對未來既樂觀又振奮，也深相自己有才能。他們會從你的自信中汲取靈感，將其體現在自己身上。

4 **理想化影響**：身為領導者，你是高尚道德行為的榜樣，將正向的自豪感注入團隊文化中，使你備受敬重且值得信賴。人們追隨你，基於你是這樣的人，你的道德權威使人們想與你共事，向你學習，幫助你，並藉由你的願景改變他們自己。

為了得到想要的結果，妮可必須全心致力於目標。更重要的是，她必須讓自己帶領的人們同樣投入與專注，而這必須透過投資他們、挑戰他們，幫助他們經歷自我轉化來完成。她從不讓團隊成員逃避，並透過他們來鞏固自己的信心。

她建立了一支非常強大、投入、懂得自我管理的團隊。即使艱困的新冠肺炎（COVID-19）疫情期間，妮可住在夏威夷、團隊成員待在密西根的時候也一樣，妮可唯一要做的是為團隊提供願景，讓他們知道該做什麼。

她的團隊說幹就幹，直接轉變服務客戶的模式，這些客戶大多是七、八十歲的長者，被認為是感染新型冠狀病毒的「高風險族群」。團隊不需要妮可在旁指點，有魄力地完成了服務轉型。儘管身處危機之中，但是團隊仍有信心和靈活度來面對艱困的商業環境，因為在過去，他們遇到大大小小問題也從不逃避。

承受痛苦有兩種：長痛和短痛，選擇權在你。

▼不斷展示承諾和信心，可以凝聚眾人完成目標的決心

丹曾如此評價風險和信心：「創業家已經越過了『風險線』，從『時間與體力經濟』

變成了『結果經濟』。對他們來說，沒有穩定的收入，沒有人每隔兩星期就給他們支票。」

創業家透過為客戶創造價值來製造機會。有時候，他們——還有你——投入大量的時間和精力，卻得不到任何結果；其他時候，沒有投入太多時間和精力，卻得到豐厚的結果。

創業家關注的焦點永遠是結果，否則就沒有收入。如果你為創業家工作，猜猜怎麼樣？表示上述論點對你來說也是如此。雖然你有份穩定的收入，但也要知道，目前從事的業務屬於結果經濟，即使你或多或少被保護而未曾注意到這一點。

我不是存心讓你不安才這麼說，而是想告訴你，如何在這種環境下成功：最大化你的結果，同時最小化所需的時間和精力。

期望人生獲致更大的自由，**你必須關注結果**。你得讓人為你實現結果，你得允許他們以各自獨特的才能自由地執行和創造解決方案。有大量的科學證據支持這個觀點。

根據自我決定理論（Self-determination theory），每個人都有與工作相關的三種基本心理需求：

1 能力感；

2 如何工作的自主權：

3 正面且有意義的關係。

能夠支持這三種需求的社會環境可以創造高層次的內在動機、心理和身體健康，並提高所有人的表現。而這個公式中的關鍵在於如何滿足這三種需求。

有趣的是，研究發現，自主性高但目標清晰度低、績效回饋少的團隊，實際上表現得比自主性低的團隊還要差。然而，當團隊有一、高自主性；二、清晰的目標；三、定期回饋結果，則表現會突飛猛進。

簡而言之，有自主性但沒有明確的目標，最終也是一場災難。這些人會自由地在圈子裡徘徊，但不會朝著有意義的方向前進。

從這裡帶出了領導力的主要問題：缺乏清晰的願景、或無法清晰地表達願景會導致人們缺乏身分認同。而沒有明確的目標最終導致人們沮喪、失去信心。這並不是因為他們缺乏資源或能力，問題出在領導者。

太多的領導者沒有提供完整清晰的目標，沒有給予深刻的信任和自主權，也沒有給予靈活度來完成目標，而是過度管理員工執行任務的所有過程。

領導者的角色在於決定「做什麼」——也就是期望的結果或目標，並在需要的時候指引明確的方向、給予回饋。領導者的責任不是詳細解釋工作要如何完成。**你聘雇的人會自己決定如何把工作做到最好，他們需要知道的，僅有「工作完成之後」的具體模樣。**

這種時候，影響篩選表很有幫助。當遇到干擾時，影響篩選表能幫助所有相關人士保持正軌。比如蓋房子，你可能對這棟房子有特定的要求，建造過程中你可以添加很多新的細節來完善它，但是如果這些改善分散了你最初特定要求的注意力，那麼這些「改善」實際上可能會破壞整體願景。

擁有明確的成功標準，就是計畫完成的時候必須實現什麼內容，你就可以確保人們不會迷路。與此同時，你要給他們充分的自主權，讓他們以自己的做事方法達到成功標準。

沒有明確的界限，你的人會失去動力。界限和清晰度能創造動力，為了獲得動力，你必須簡單明白。界限可以幫助你釐清通往理想目標的道路。根據心理學的核心動機理論——期望理論（Expectancy Theory）——你必須有一個清晰

永遠要獎勵創造者，
絕不要獎勵抱怨者。

有形的結果，以及一個達到結果的途徑，如此才會獲得動力。想要激勵他人，要先有基於成功標準設立的特定方向，讓人們的行經路徑夠明確，也讓他們有創造結果的完全自主權。

重點一次看

- 如果你全心致力於你想得到的結果，那麼你需要關注的是「誰能幫助你？」（人），而不是「我該如何達成目標？」（方法）。
- 完全投入的承諾來自於清晰的願景，以及給他人自主權，用他們認為最合適的方式執行願景。
- 變革型領導者投資部屬、挑戰他們，幫助他們看清楚願景，最終讓這些人跟自己一樣專注與投入。
- 沒有清晰的願景，擁有自主性也沒有效用。
- 有了清晰的願景，以及對結果的一致性回饋，自主性便能帶來更高績效。
- 領導者應該致力於結果，而不是某個特定的過程。
- 領導者不應該事無鉅細地管理整個過程，而是提供自由和自主權，以及極度清晰和高標準的卓越表現。

6 養成投資心態是達成財富自由的第一步

「教訓會一再重複，直到你學會為止。」
——謝麗．卡特-斯考特博士（ChérieCarter-Scott），企業培訓和管理顧問

衛斯理．席爾克（Wesley Sierk）是一名風險管理顧問公司（Risk Management Advisors, Inc.）的首席策略師和前總裁，大家都暱稱他為韋斯，二〇一九年夏天他以一筆可觀的價格出售了這家公司。

韋斯是個聰明人，但是和所有人一樣，他這輩子也犯過不少大錯誤。其中一個錯誤讓他在出售公司的兩週後陷入昏迷，甚至差點喪命。

要解釋韋斯差點死掉的原因，我們得回到更早幾年前。二〇一七年八月有人想收購韋

斯的公司，欣喜若狂的韋斯和這位潛在買家開始協商。由於是這位潛在買家主動聯繫他，韋斯理所當然認為不需要額外聘僱投資銀行家，他可以自己全權處理一切。但是韋斯以前從來沒有賣過公司，用他自己的話說：「我在做一件我一無所知的事情。」

他沉浸在出售公司的所有細節中，忽視了自己身為執行長的角色，導致公司整個團隊的生產力急劇下降。在協商過程進行了六個多月之後，二〇一八年三月雙方決定終止計畫。潛在買家不想要這間公司了，在損失了幾十萬美元的律師費和團隊生產力之後，韋斯也沒得到他想要的結果。

為什麼韋斯沒能成功？

有人想要他擁有的東西，交易似乎簡單又直接，可是最後韋斯卻沒有得到他想要的。這一切都出於一個原因：**韋斯關注的是「方法」而不是「人」**。說得更坦白點，韋斯不想花錢請一位有資格的人來幫忙做這件事，他認為自己就可以做到，甚至他應該自己來。

專注於「我該如何達成目標？」（方法）會產生問題。

交易失敗後，韋斯不得不返回公司上班，收拾支離破碎的生意。從二〇一八年三月到二〇一九年二月，韋斯恢復了公司秩序。然後，他聘請了一位投資銀行家幫他出售公司。

韋斯第一次打算出售公司的時候，他試著談到八倍的ＥＢＩＴＡ（稅前息前折舊攤銷前獲利），這是投資者用來確定公司盈利能力的衡量標準。結果，這位投資銀行家談到了十倍的ＥＢＩＴＡ，並在短時間內從感興趣的買家那裡拿到五份報價，韋斯最終點頭同意了其中一份。

從開始到結束，這位合格的投資銀行家花不到六個月的時間完成了這項工作。這位投資銀行家安排和敲定這筆交易的佣金大約五十萬美元。但是與韋斯不必親自動手處理所節省的時間成本相比，這筆費用太划算了。而且投資銀行家最後談到的價格，比韋斯在搞不清楚狀況下提報的價格還要高出很多，多了幾百萬。

透過投資人，韋斯不僅節省了時間又大賺一筆，還不用自己試著找方法做所有事情。

回到韋斯的失誤……

賣掉公司兩星期之後，韋斯發現家裡的冷氣壞了。他從維修人員那裡拿到商品報價，覺得買新冷氣得花七千九百美元實在太貴了。

韋斯以前是承包商，所以他決定安裝大空氣循環扇，朝著冷氣的蒸發器吹風，減輕冷氣扇負擔的同時，還能降低室內溫度，如此一來便可省下一些錢，然後等到冬天他再買新冷氣，那時候大家不買冷氣了，因此售價比較便宜。儘管他得花幾個小時爬上屋頂架設循環扇，但是可以省下幾百到幾千美元啊。

韋斯，一位擁有百萬身家，開著名車，剛賣掉一間公司，受過良好教育且備受尊重的人物。不過在很多方面，他也是個節儉的人，從小在維吉尼亞州的小鎮長大，許多小鎮思維仍然扎根在他的心裡，其中一些幫助他獲得成功，有一些則讓他陷入狹隘的思維。

二〇一九年八月三十一日，韋斯爬上梯子準備把循環扇裝到屋頂上。在加州炙熱的陽光下，天氣酷熱難耐。韋斯理解到的下一件事，就是自己仰躺在水泥地上。他從屋頂向後倒下，後腦勺著地，頭骨嚴重骨折。

他滾到房屋門前，重重地敲打大門。當他妻子和嫂嫂打開門時，韋斯躺在地上幾乎失去意識。

「怎麼了？」她們還沒有完全察覺到韋斯的狀況不對勁。一開始，他只是看起來很累，但幾秒鐘後，她們意識到情況非常嚴重。

「沒什麼，就是很熱。我很熱，需要躺下。」韋斯回答。

然後他翻了身，開始嘔吐，就在那時候他妻子和嫂嫂看到地上有一灘血。她們立即打電話叫救護車，緊急將韋斯送往醫院。從那一刻起他就失去了意識。

韋斯在醫院住了十一天，其中兩天處於昏迷狀態，出院之後（他自己完全不記得過程）又在床上躺了兩個月。他需要助行器才能上廁所，無法說話也無法自己行走，必須重新學習基本技能。

臥病在床的兩個月裡，韋斯的情緒極度低落。他生自己的氣，因為他做了一件不該做的事。他很害怕大腦或許不能再像以往那樣正常運作了。他的頭撞到地面的時候，大腦劇烈地來回震動，臉因為大腦的內部撞擊而腫脹淤青。他不知道自己的未來會如何，整個心思陷入黑暗角落，感到異常孤獨。

在那兩個月裡，韋斯腦中有一個念頭一直揮之不去。那念頭其實就是他從丹那裡聽到的一句話：「**如果你有足夠的金錢解決問題，那你就沒有問題。**」

諷刺的是，韋斯認識丹多年，這句話他已經聽了幾百遍，除了丹自己說出口的，還有被無數人引用的。

「那個想法一直在我腦中盤旋，因為我做了不應該由我來做的事情。」韋斯說。

神經外科醫生告訴韋斯，從那個高度頭部著地摔下來的患者，有超過五〇％的人會死亡。韋斯面臨著死亡，以及自己本來不需要做那件事的後果，而且還是在他剛出售公司、學到成事在人的珍貴教訓之後的幾個星期。

瀕臨死亡之後，他才開始真正理解這個概念。

二〇一九年十二月，在韋斯身體恢復回到公司上班不久，他做了一個大膽的決定。自從二〇〇三年他與妻子買下這棟房子以來，第一次雇人來掛聖誕燈飾。這決定聽起來很好笑，但對韋斯來說卻是一大步。瀕臨死亡讓他更加珍惜自己的時間，也意識到過去阻礙他的習慣和狹隘觀點。

他做了一個看似簡單實則重大的決定，就是從此要「找人不找方法」。

他現在真正理解到，如果有足夠的金錢來解決問題，那麼他就沒有問題了。他更加重視生命、時間、才能，以及其他人的貢獻，他更願意投資他人。每一項投資等同於投資自己，即使是花幾百美元請人替他掛聖誕燈飾這種微不足道的小事。因為他可以在這五、六個小時裡，處理價值比掛燈飾費用高十倍以上的工作、花時間和所愛的人相處、享受自己的興趣嗜好等等。

到了二〇二〇年初，韋斯的身體大致恢復得差不多了。他回到自己賣掉的公司擔任一個全新的角色：行銷和發展業務。他的目標之一是透過製作 YouTube 影片和 Facebook 廣告來行銷公司。

拍完第一個影片之後，他開始學習如何剪輯，直到收到某位同事的回饋，他才猛然想起，自己其實擁有一家影片製作公司，他只需要把錄影資料傳送出去，他們會幫他編輯影片。

韋斯還在學習中，不過他愈來愈懂得直接找人幫忙，而不是把時間和精力浪費在自己找方法解決問題上。但是韋斯並不是唯一覺悟「找方法」代價有多高的人。事實上，對大多數人來說，嘗試自己想辦法做所有事情是再正常不過的做事方式。我們被所處的文化洗腦，總想避免花費成本，而不是加大力道投資自己和未來。結果，我們心甘情願地四處奔波，做著既不擅長也沒有熱情、效能低下的工作，還誤以為「努力」或完成這些任務很值得。

沒有人會因為謙虛、好奇和幫得上忙而失去優勢。

我們理當追求職業道德，但是必須小心，你到底屬於「時間和體力經濟」，還是屬於「結果經濟」？人太常把「努力工作」視為榮譽徽章，但是在現實世界，你辛苦處理的，其實是別人可以輕鬆完成、而且更有效產出的事情。

▼遠離「成本」心態，培養「投資」心態

「只有當你允許自己停止嘗試做所有事情，停止對每個人說『好』，你才能對真正重要的事情做出最大的貢獻。」
——葛瑞格．麥基昂（Greg McKeown），《少，但是更好》（*Essentialism The Disciplined Pursuit of Less*）作者

卡爾．卡斯爾丁（Carl Castledine）出生於一九六九年倫敦近郊，他父親是貧窮的煤礦工人。大家都說，卡爾的父親是一位充滿愛、非常了不起的人，總是想給兒子最好的。然而，由於家境不好，卡爾的父親能教他的只有對金錢的信念，而且還是深刻限制性與破壞性的金錢觀。

這些信念使卡爾氣餒了許多年。

卡爾被迫加入管理崗位，因為在他父親看來，這是通往「成功」最可靠的途徑。管理工作沒有風險，各方面可以讓卡爾獲得比父母更多的回報。

卡爾屈服於父母的壓力而從事管理工作，儘管他夢想成為音樂家和藝術家，卻還是努力老實地當一名經理。然而，他自己和周圍的人都清楚地知道，他有討厭這種生活，他失

去生命力，對未來也不抱期待。

一次工作機緣，他參與了一項休閒和旅遊業專案，卡爾喜歡上這一切：微笑的面孔，以及在度假勝地享受假期的快樂旅人。他決定留在這個行業，不過他必須展開自己的翅膀。他評估自己現今的角色在旅遊業發展極其有限，於是他決定創辦自己的公司，不再從事管理工作。他想要更多自由來創造願景，幫助人們擁有絕佳的假期體驗。

二〇一三年他創立遠離塵囂度假村（Away Resorts）。一開始他和大多數創業者一樣，工作時間非常長，靠勇氣和毅力逐漸建立起不錯的客群。不過，這份事業的成長狀況遠不及應有的水準。卡爾知道公司需要更多的線上內容，以及一個更好的公司網站。於是在每天超時工作之後，他還熬夜學習程式設計，就這樣持續了好幾個月。

身為公司執行長，卡爾卻花數百個小時學習程式設計和建立網站。他忽略了公司經營，睡眠嚴重不足，最終在體力耗盡後愈來愈沒有耐心。就在瀕臨崩潰邊緣之際，他帶著疲憊的眼袋決定去問問網頁開發人員，架設一個網站需要多少錢。出乎他意料的是，這名男子說他很樂意幫忙，收費一千二百英鎊。

卡爾的臉瞬間蒼白。

用卡爾自己的話說，他感覺自己就像卡通片《木偶奇遇記》（*Pinocchio*）那樣，驢耳朵從頭頂上長了出來。當下他覺得自己像個白癡，因為根據他所投入的學習時間、身為執行長的時間價值，這筆費用低廉到令他震驚。然而，就像很多人一樣，這堂課似乎需要反覆幾次才能真正理解箇中道理。你必須真正體認到「自己找方法」的機會成本。如果事事親力親為，你會錯失了投資他人、把時間和精力用在更有影響力的活動上，進而錯失這一切所帶來難以估量的成長。

多年來，卡爾也管理著公司的銷售團隊，大家都說他表現得很好。但是二〇一七年他還是決定聘請一位銷售經理，他想專注於公司的其他領域。在雇用了這位銷售經理的一年之內，公司利潤增長了二五％，第一年就淨賺二百五十萬英鎊，而這位銷售經理的年薪是十二萬英鎊。

卡爾直截了當地說：「如果七年前我就雇用他，我們可能多賺一千四百萬到一千五百萬英鎊。」

這就是卡爾的最後一根稻草。

他決定自此都要利用「找人不找方法」。

現在卡爾對這種投資心態一點也不保守了，因為他看到成事在人的力量。他不像以前那樣浪費時間，時間對他太重要了。他也提高自己的標準，致力於結果，致力於自由，不再把時間和未來浪費在別人樂意為他做的事情上。

卡爾從小被教導要考慮成本，而不是投資，但是現在他意識到投資自己和未來的力量。投資一個人，比如付工程師一千二百英鎊做網站，就可為他節省幾十、甚至幾百個小時來做更有價值、更有利可圖的工作。如果把時間用在對的事情上，可以為公司增加數百萬的利潤。卡爾花了十二萬英鎊聘請銷售經理，不僅讓他擁有更多時間，而且公司的收入第一年就成長了好幾百萬。

這就是投資思維的力量。增加一位銷售經理並不是增加成本，事實上對卡爾和公司來說，沒有這個人才是損失。

天才網絡創辦人喬・波利許經常告訴創業者，天才網絡是一所付錢才能來上的學校。要成為這所學校的一分子，需要投資二萬五千美元。但是投資成為天才網絡成員、在團體中相互學習的人，可以輕而易舉把二萬五千美元變成幾十萬，甚至幾百萬美元。

只不過一般人大多不願意投資，他們不明白這種投資如何輕鬆收穫十倍以上的回報。

我自己也是天才網絡的一員，所以我才能連結到丹・蘇利文、塔克・馬克斯和里德・崔西。

如果沒有投資天才網絡，這本書根本不會存在。因為我沒有**人際圈的自由**（將在第三篇討論）來接觸如此出色的合作者。我能夠在天才網絡或其他人際網絡中創造轉化關係的唯一方法，是將天才網絡視為投資，而不是成本。

我第一次參加天才網絡會議的時候，驚訝於在場許多創業家都在問，要如何才能確保「花費」的二萬五千美元獲得「回報」。對我來說，這種思維非常狹隘。重點不是拿回二萬五千美元，那是成本心態。真正要達成的，是將二萬五千美元乘以十倍或百倍，而要做到這一點的唯一方法，就是參與轉化關係。

當你抱持投資心態，你的思維不會短視近利。你會考慮更大規模的前景，也會考慮如何幫助他人，而不會給人唯利是圖的印象。

如果你抱持成本心態，從本質上來說，你是交易和短視心態的人。你會把人視為成本，這表示你可能永遠無法創造絕佳的合作機會。

只要抱持投資心態，你的人際圈會發生轉化，包括你周遭的人也是。你放眼於長期，對未來的願景日益擴增。你會發現，透過投資「好的人」，未來才能成長。

而且，你做的所有決定也將是轉化型決定，而不是交易型決定。舉例來說，當你決定休假一天和家人相處，你不會把休假視為成本，反而更珍惜和所愛之人的相處時間。

把你的注意力從成本心態轉移到投資心態，你不再擔心自己放棄了什麼，而是意識到透過做出強有力的決定，你可以獲得更大的回報。

沒有同伴你可以生存，但沒有同伴你無法茁壯。

重點一次看

- 專注於方法會強烈限制你賺錢的能力。
- 「相信自己能做所有事情很高尚」這說法本身是一種限制的信念。這說法一點也不高尚。
- 當你關注如何達到目標，通常是基於稀缺心態和成本規避。

- 企圖藉由自己動手來避免成本，從長遠來看，會讓你和未來付出巨大的代價。
- 把人視為投資，而不是成本，你很快就能獲得十倍以上的收入和收益。
- 把人視為投資，而不是成本，你可以創造轉化關係，在這段關係中，各方付出的都比索取的多，每段關係都不是交易關係。
- 把自己視為投資，而不是成本，你可以擴大時間、金錢、人際圈和目標的自由。

PART 3

擁有互利人際圈的自由

7 成為彼此的「人」，建立互利的「人際圈」

「你要不是在溝通，就是在試著逃跑。」

——喬・波利許，天才網絡創辦人

喬・波利許是高階行銷策畫組織天才網絡、天才X論壇，以及非營利組織天才復甦基金會（Genius Recovery Foundation）的創始人。《富比士》（*Forbes*）和《*Inc.*》雜誌稱喬為「商界最懂連結的人」。

寫這本書的過程中，我親自採訪了幾十位創業家，想了解他們如何應用成事在人的力量。雖然我並不意外，不過在許多採訪中，他們多次提到了喬的大名。他是很多人的關鍵人物。丹稱喬為「節點」，意思是線路、道路交會或分支點，一個中心或連接點。

如果沒有喬，這本書不會存在（就像我先前說的，我是透過天才網絡認識丹、塔克和里德）。喬在處理、發展和維持人際圈有自己獨一無二的技巧，另外在幫助他人發展人際圈上，他也有一套獨特的方法。

喬知道自己不可能解決所有人的問題，不過他相信有了正確的「天才網絡」，世界上的所有問題都可以解決。因此，喬並不是親自解決每個問題的關鍵人物，而是打造了一張由世界級創業家、專家、行銷人員、醫生、意見領袖和創新專家組成的網絡。當人們進入喬的世界，不僅接觸到喬本人，還得到了喬的人脈延伸，那個活生生的天才網絡。這也是為什麼組織名稱叫天才網絡。

但是有一點需要注意。

為了成功地在喬的人脈網絡中遊走，或者說，為了成功與傑出人士打交道，你必須了解真實的連結和轉化關係怎麼運作。想要進入喬的網絡，必須先經過審查。成為一員之後，想要從中得到最大的收穫，你必須用跟社會傳統幾乎完全相反的方式處理人際圈。

一旦你理解了這種更高層次、策略性、有意識的人際圈處理方式，**基本上你能和任何人建立連結**。你可以創造比原本價值多十倍、百倍，甚至更大規模的合作，也就是說，你創造的人際圈隨著時間推移將產生正向成長的回報。你能夠以一種戲劇性、通常意想不到的方式擴展和成長。

為了幫助你全面理解「找人不找方法」，本章接下來將詳細介紹喬的人際圈哲學和策略。你會學到將轉化關係做為人際圈的標準思維，無論是與你的配偶、朋友、客戶還是團隊。本章的目標是精進你的篩選程式，進而體驗到真正的**人際圈自由**，換句話說，你不只有更多機會接觸到可以幫助你實現目標的人，而且還能擁有高品質的深度交流人際圈。

把你的員工視為一種投資，而不是成本。

你能否成功取決於圍繞你身邊的人。隨著時間和財富自由的增加，你有更多機會接觸到不只能幫助你實現目標、還能讓你更深刻體會到生活意義和目標的人。因此，目標自由取決於你與特定人群建立連結和發展關係的能力。在愈多生活領域獲得自由，擁有的人脈就愈多，而且不僅僅是人脈……你也將有能力和理由與你選定的人連結，並發展互利的夥伴關係。

▼和吸引你、振奮人心的人建立轉化關係

「你所尋求的也正在尋找著你。」
——魯米（Molana Jalaluddin Rumi），古波斯詩人

喬看待人際圈如同挑選服裝，如果衣服不合身、太緊、太鬆或不實用，那麼這段關係就沒有意義了。

首先，也是最重要的，說到與人連結，你應該原本就想和他們建立連結，也就是說，這不是一件苦差事，應該不會產生避免接觸或逃避的欲望，也沒有必要裝腔作勢或故作姿態。相對地，你應該自在地做自己，成為你想成為的人。

「當我和這個人在一起，我有什麼感覺？」

這是喬思考人際圈的關鍵問題。如果對方吸引不了他、相處的感覺沒有很舒服、無法激勵人心或與他有所連結，又或者相處起來很吃力，那麼就不應該發展這段關係，不管這個人背景有多漂亮或多「成功」。

「我不想苦心經營關係。我只想要行得通的關係。」多年前丹在談論他和

一定要有像支票機一樣的東西來檢驗你的想法。

芭布斯之間的關係時是這樣跟喬說的。喬掌握了這個觀念，而且受益良多。

在與人連結的時候不要遷就。請和吸引你、振奮你心的人建立轉化關係。尋找合拍的人。

▼成為給予者，好的連結才會昇華與轉化自我

「不要努力當個成功的人，而要努力成為有價值的人。看看周遭的人，他們想從生活中獲得比他們付出還要多的東西。然而，有價值的人付出比得到的更多。」

——愛因斯坦，物理學家

大部分的人常會問：「**這對我有什麼好處？**」喬則是問：「**這對他們有什麼好處？**」

帶著「**這對我有什麼好處？**」的心態與人連結，結果總是很糟糕。這種自私的「索取者」心態不可能建立轉化關係。「這對我有什麼好處」是交易心態、狹隘的思維模式，只會吸引類似交易性質的人。

請避開這種人，就像避開瘟疫一樣。

他們是索取者，不是給予者。

他們如同寄生蟲，會從團體或一段關係中吸乾他們想要的「價值」，然後甩頭離開，繼續尋找下一個獵物。

喬與某人建立連結之前會先做功課。他想先認識這個人，他們來自什麼樣背景、重視什麼、關心什麼，以及想要完成什麼目標。完全了解之後，他才能以一種有意義的、深思熟慮的方式來建立這段關係，抱持的唯一目的是為「彼此」提供絕佳的價值。

例如，喬第一次見到商業鉅子理查．布蘭森（Richard Branson），是在為理查的基金會「維珍聯合」（Virgin Unite）募資的晚宴上。喬捐了一萬五千美元給理查的慈善機構，做為交換，理查邀請喬和一小群捐贈者共進晚餐。

在晚宴上，有些人試圖、盡可能從理查身上榨取更多好處的時候，喬則想替理查增加價值。喬分享了一個想法給他：發布影片，讓大眾認識維珍聯合及其事業，藉此籌募到更多善款。

喬向理查解釋如何運用教育導向的行銷，將維珍聯合的資訊傳播到全世界。大眾愈了解組織，愈可能付出時間、努力或金錢來支持。

理查聽完之後，詢問喬是否可以幫他把這個想法寫下來，並寄到他的個人電子信箱，隨後他把自己的電子信箱給了喬。

「我相信那天晚上我是唯一拿到理查電子信箱的人。」喬說。

幾年過去了，理查幾度現身喬的活動發表演說，喬也多次前往理查的私人島嶼小聚（內克島，Necker Island）。喬和理查的友誼確實持續了很長的時間，而且一切自然而然發生了，喬甚至沒有要求理查撥出時間給他。喬只是成為一位對理查來說很有價值、很樂意相處的人。

然而，喬的利他主義不止於此。他將發布影片的想法告訴理查之後，還詢問自己是否可以採訪維珍聯合的負責人珍．奧爾萬（Jean Oelwang），這樣喬就可以向他接觸到的人、訂閱者和粉絲宣傳。

因此，有更多人看到了珍的採訪而認識維珍聯合，也有人深受鼓舞而參與其中。事實上，在理查的一場「搖滾卡斯巴」（Rock the Kasbah）籌款晚會上，喬的天才網絡來了九十二名成員，每人都捐了二千五百美元給維珍聯合。當晚舉行的拍賣會上，喬的許多人脈也參與競標來支持維珍聯合。喬已經成為理查最大的募款人，為慈善機構募得了數百萬美元的善款。

這個故事的寓意是：**不要貿然聯繫某人，除非你能夠提供有意義的東西給對方**。這個「東西」必須是真實、與之相關，而不只是讚美或奉承。沒錯，真實的價值。如果想維持這段關係，你就必須持續創造價值。

想與人建立關係的時候，先問問自己：「這對他們有什麼好處？」創造願景的同時，確保這個願景與他們的目標一致，明確地幫助他們實現想要的事物。

你必須做少一點事才能賺更多錢。

▼好的連結沒有終點，人際圈的影響力只會持續下去

「成功的給予者和索取者、競爭者一樣有野心。他們只是用不同的方式來追求目標。如果你堅持每次幫助別人都要有回報，你的人脈會非常狹窄……給予者成功的方式是創造漣漪效應，促進周圍人的成功。」

——亞當．格蘭特（Adam Grant），華頓商學院教授

喬很喜歡這句話：「走上坡的時候對身邊的人好一點，因為當你走下坡的時候會遇到他們。」

開始經營一段人際關係的時候，當個給予者很簡單，因為你通常知道自己能從這段關係中得到什麼。就像職業生涯初期，你只要工作就會得到酬勞。但是在你逐漸邁向成功、具有影響力之後，久而久之，你會因為「身分」得到報酬。一旦得到了你想要的事物，或開始有點名氣了，你會過於依賴知名度這種東西。你得非常小心避免產生這種心態。

除非你堅持「這對他們有什麼好處？」的心態，並持續經營人際圈，否則你會在成功途中燒毀很多連結的橋樑。

這不是成功的有效途徑。

許多人渴望名聲地位大於單純地把事情做好。如果關注的是地位，一旦獲得想要位子，就會安於過去的成就。你會被以前的成功蒙蔽，不再是個有價值且關心他人的人。

如果你還不知道如何以更有意識和互利的方式與人連結，這裡提供一個學習的好方法，就是參加志工服務，學習不求回報地服務他人，學習把自己奉獻給一項志業，奉獻給別人的目標，就算沒有人知道你參與其中。這類服務包括：接聽自殺熱線志工、支援政治運動（丹做過很多次）、遊民收容所的愛心廚房服務、為特定的信仰或志業做宣傳，諸如此類。

如果你持續當個慷慨又有價值的人，世界會友善待你。擁有人際圈自由，你將擁有世上所有你需要的機會。永遠不要停止為身邊的人提供價值，尤其是在你生命中待了很久的人。

跟能讓你展望未來而不是沉溺過去的人相處。

▼保持感恩，你會吸引同性質的人走進你的生活

「白手起家是一種幻覺。很多人在你擁有的生活中扮演神聖的角色。一定要讓他們知道你有多感激他們。例如，把你介紹給你配偶的人、商業夥伴或客戶。就是要追溯到那麼遠。」

——麥克．費屈曼（Michael Fishman），靈性成長大師

「人性最深切的渴望是被賞識。」

——威廉．詹姆斯（William James），哲學暨心理家

感恩有莫大的好處，當然，必須是真心誠意地感恩，而且持續地做。當你心懷感激，人們更願意幫助你，想跟你一起工作，待在你身邊。人天生就有被賞識和重視的需求，當你具體、慷慨真誠地感謝他人為你做的大小事，自己也會有所改變。你會成為更善良、更謙虛、更快樂的人。你也會吸引愈多人走進你的生活，因為感恩會吸引並創造富饒。

心理學研究發現，經常感恩的人好處多多：

生理方面

- 增強免疫系統。
- 較少受病痛困擾。
- 降低血壓。
- 較常運動，照顧自己的健康。
- 睡得較久，醒來會有煥然一新的感覺。

心理方面

- 正向情緒的素質更高。
- 更警覺、有活力、清醒。
- 更喜樂、愉悅。
- 更樂觀、幸福。

社交方面

- 更樂於助人、慷慨大方、富有同情心。
- 更懂得寬恕。
- 更外向開朗。
- 比較不會有孤獨、孤立感。

重點一次看

- 沒有先為一段人際關係創造價值，就不要進入這段關係。
- 永遠不要停止創造價值和滋養人際圈。
- 永遠要問「這對他們有什麼好處？」而不是問「這對我有什麼好處？」
- 要知道對方在意什麼。
- 去了解他們及其背景和目標，給予相關的價值。不要浪費他們的時間。好好先做功課。
- 如果你想發展轉化關係，那麼就用轉化而非交易的方式來處理關係。
- 把結果擺到桌面上，讓參與其中的每個人都能分到更多好處。不要對未來結果畫大餅，拿出立即的結果。不要承諾你做不到的事。
- 當個慷慨的給予者，真正致力於服務和成長，而不是迷戀地位。
- 走上坡的時候對身邊的人好一點，因為當你走下坡的時候會遇到他們。
- 用各種形式來感謝生活周遭的人，你會吸引到難以置信的豐沛人際圈。

8

避開錯誤的人，就算他們很有吸引力

「理解力是辨識出更細微差異的能力。」

——羅伯特・清崎（Robert Kiyosaki），《富爸爸，窮爸爸》作者

二十九歲的凱特・格里米利恩（Kate Gremillion）是一名住在北卡羅萊納州首府羅里的創業家和策略師。她創建了成功的事業，不但賺取收入豐厚，還可以完全掌控自己的行程表。凱特很享受這種生活，尤其是她最近結婚了。雖然現在看來她的生活多采多姿，但其實兩年前她躺在醫院裡生死交關。

凱特和許多創業家一樣，總是做太多事情。凱特陷入了「更多」的陷阱，深信多參加活動、多攬客源、多露出於《富比士》（*Forbes*）這樣的平台，收入就會增加，她的事

業也會更成功。她的書面資歷確實非常亮眼，裡面累積的證書和經歷愈來愈多，工作時間也愈來愈長，這種近乎自殺的方式只是為了展現自己的身分——我是一位各領域都很出色的人——給客戶看。後來凱特被診斷出子宮內膜異位症，花了兩個月才重新回到健康基準線，即使到了今天，她仍然得盡量減輕壓力來控制症狀。知道自己的病症之後，找幫手和外包業務變得至關重要，因為只要有壓力，病症就會復發。

回顧過去的自己，凱特意識到，一直讓她蠟燭兩頭燒的，其實是自我意識，她真心相信自己是唯一能成功完成大部分要求的人。凱特做太多事情了，但是最終結果卻不好。幸好凱特是個善於學習的人，她運用這個經驗改變了自己所做的一切。她決定退出合夥事業，徹底抹去生活中的污點，回歸自己的核心原則：

- 我真正想要的是什麼？
- 我想成為什麼樣的人？
- 什麼是我不願意再重蹈覆轍的？
- 未來我處理事情的方式會有什麼改變？

有時間才有餘裕去尋找自我的清晰感。凱特之前並沒有給自己足夠的時間，臥病期間得以讓她重新思考未來，更有概念自己想要成為什麼樣的人——未來的自己是什麼樣子。她想像並設計自己身處的環境，我要怎麼工作？和誰一起工作？我想要的生活樣貌？

凱特創立一間顧問公司，專門協助創業家建立工作系統，幫助他們最大化收入，同時減少忙碌的工作時間。這次她沒有把自己折騰得筋疲力盡，而是根據自己理想的生活型態建立這間公司。有了更堅定的界限和明確的優先事項，她不再自討苦吃了。她要讓這個事業為她服務，而不是反過來駕馭她的人生。

凱特組織一支小團隊，一起制定嚴格的基本規則，包括服務的客戶類型、想要合作的人。過去，凱特總是心甘情願地與那些性質明顯不合適的客戶通電話或往來電子郵件，儘管這一切作為讓她很受挫。很多時候，沒有做足功課的人會諮詢一些基本的商業建議，而這些資訊明明能從她的播客和部落格取得。

凱特現在創造了好幾個緩衝區，確保行程表上只有合適的客戶。她指導助理建立一個批准流程，過濾出凱特最終會收到電子郵件和提問的客戶名單。如果來訪的人不符合凱特的要求，團隊會果斷地將其拒之門外。因此凱特現在的時間運用更有效率，諮詢服務也更符合她想協助的特定族群——切中要點，不會浪費別人時間的客戶。過去的凱特願意容忍不合適的人際交流，而現在她只和自己想合作的人打交道——真心受教的客戶。她希望挑選出來的客戶覺得自己是位「好幫手」，是他們的「英雄」。她完全不在乎自己能否從這段關係中得到報酬，重要的是，一定要找到合適的人，雙方才能獲得最佳體驗。因此，凱特極大地擴展了自己的人際圈自由，進而帶來更多收入和時間。

如果你為一件重要的事情努力二十年，它將轉化成為你周遭的一切。

▼勇敢向不懂珍惜你的人說「不」，只為你的「人」排除萬難

「在決定做不做某件事情的時候，如果你感受不到『哇！這一定很棒！絕對！快來做吧！』——就說『不』。」

——德瑞克・席佛斯（Derek Sivers）《想要什麼有什麼》（*Anything You Want*）作者

查德．威拉德森（Chad Willardson）是《財富無壓力》（*Stress-Free Money*）一書的作者，也是南加州首屈一指的財富管理公司太平洋資本（Pacific Capital）的創始人暨總裁。查德每週都能拿到幾位客戶推薦的潛在客戶名單。在二〇一九年的一個早上，查德收到一位客戶的電子郵件，說他們想推薦一位重量級的客戶，這個人剛剛賣掉他的公司，除了原有的鉅額財富，又再淨賺了一億美元。

顯然，聽到這則好消息令查德興奮不已。大多數的財務顧問能在目前的投資基礎上，每年增加擁有百萬美元身價的新客戶，公司業績可說是非常好了，更不用說增加一名身價過億美元的新客戶。

於是查德開始調查這位潛在客戶，包括從事的事業、家庭背景等等。就這樣，當週的某一天他們正好參加了同一場活動，令查德驚訝的是，這位潛在客戶逕自走向他說：「嘿，你就是我一直在找的人，我們有些重要的事情得聊一聊。」

他告訴查德，自己在華爾街許多大型公司見過許多投資銀行團隊和私人財富管理集團，但是他比較想要找一間精緻、私人的諮詢團隊，這樣他才可以得到更個人化的建議和照顧。他們安排下一週線上Skype通話。

在通話之前，查德確保一切準備妥當。他和團隊對於與這位潛在客戶及其家人合作的前景感到無比興奮。然而，通話才開始不到五分鐘，查德保留了之前爭取合作的想法，直覺告訴他，這是一位難搞的客戶。這個人粗魯傲慢，而且很難伺候。他先花了幾分鐘與查德說明自己合作過的所有公司，以及那些公司承諾提供的福利和折扣。他接著又給了查德一份清單，如果想合作就必須遵守這些要求。

他告訴查德，太平洋資本及其團隊必須為他適應不同的做事方式，他每星期會與太平洋資本團隊聯繫三到五次，告訴他們應該做什麼事情。這種行為如同病人去看醫生，卻告訴醫生應該開什麼藥以及服藥頻率。

這個人不想找合作夥伴，也不讓有能力的人各司其職。

他想指導別人該做些什麼事情。

通話全程查德一直保持冷靜。他回答了這位潛在客戶提出的所有問題。當潛在客戶要求見見團隊成員時，團隊成員也進入查德的辦公室，透過Skype簡短自我介紹，包括職務以及為客戶服務的內容。這位潛在客戶也一一回覆每位團隊成員，希望各個成員更改哪些服務、為了他做哪些不同的事，每段談話的態度都盛氣凌人。

很明顯，他是一位要求一堆、極具挑戰的客戶。

電話結束之後，查德發了一封電子郵件給這位潛在客戶，概述電話中談到的內容，並強調他們談話的要點。這封電子郵件也介紹了太平洋資本為高淨值客戶提供的服務，並解釋為什麼該團隊是協助他實現個人和財務目標的絕佳專業團隊。

不久之後，查德收到這位潛在客戶回覆的冗長電子郵件，裡面又加入比線上談話內容更多的要求和期望。查德認為這些期望不但不合理，也沒有效益。當天晚上，查德又收到那個人傳來的一堆簡訊，進一步闡述他對每位員工的期望。

隔天，也就是週五早上，查德和他的團隊召開每天上午的例行會議。團隊成員討論他們對這位潛在客戶的看法。包括客戶服務主管在內的幾名團隊成員均表示，在電話中他們感受不到尊重。他們擔心潛在客戶會成為公司的難搞客戶，但考慮到其投資組合規模，團隊成員理解擁有這位大客戶對公司的意義，並表示他們會想辦法處理那些要求。

接下來的整個週末，查德花了很多時間反思這次機會。他思來想去，問自己好幾個關於公司團隊如何幫助這位新客戶的問題。

- 我們如何順利作業，並把問題減到最少呢？
- 也許他現在看起來要求很多，但時間久了情況會不會好轉？
- 為了配合他，我們是否需要違背公司的核心原則，還得做出更多讓步？
- 為了這位客戶，這一切都值得嗎？

對於自己接下來應該如何抉擇，查德其實沒有百分之百的把握。這位潛在客戶將成為公司的超級大客戶，可以為公司打開其他機會的大門。但是他也不確定，如果自己跟團隊成員說「你們只要想著他能為公司帶來豐厚的收入」，然後要求團隊咬緊牙關去完成那個人的所有要求，又會對團隊的士氣和信心產生什麼影響？

光是這樣想，查德就完全無法苟同。他最後得出結論，如果有人這般盛氣凌人地破壞他的團隊，對成員提出不合理的要求，那麼賺再多錢也不值得。他決定拒絕這位潛在客戶。

整個週末，查德持續收到這位潛在客戶傳來的大量訊息和電子郵件，反覆陳述他的要求和期望。查德回答說，他們下週應該再安排一次後續對談。

後續會議的電話一接通，那位潛在客戶迅速開始重申自己的要求。查德聽完之後接著說：「有機會與您和您的家人合作是我的榮幸。不過與團隊討論之後，我們覺得您與其他人合作比較好。」

「你說什麼？」他驚訝地說。但是震驚很快變成憤怒，這位潛在客戶不習慣被人拒絕，習慣每個人都盡心滿足他的要求和欲望。

「我們很感激有這次機會，真的。」查德說：「但是我們認為公司與團隊可能無法與您相互配合。我相信會有其他公司可以完成您的一切需求，我們祝您未來能順利成功。」

電話尷尬地結束了，但是掛掉電話之後，查德覺得自己充滿了力量。

由於拒絕了這位超高淨值客戶，團隊更信任查德，也對公司深具信心。如果潛在客戶只有二百萬美元，拒絕這件事當然容易很多。團隊鬆了一口氣，因為查德優先做出正確的選擇，而非只顧著賺錢這檔事。辦公室裡的潛在負擔減輕了，查德的決定為團隊帶來快樂和清醒。身為領導者，這次經驗讓查德獲益良多，在建立人際圈自由方面邁出了一大步。

查德之所以能做出「拒絕」的選擇，是因為過去他與不合適的客戶合作造成的陰影。面對不合適的客戶，彼此之間的關係總是很緊繃、很不滿。他們的價值觀和願景不一致，卻也無能為力。他們雇用查德的團隊，但是不願意接受他們的建議，也不感謝他們的服務。那種不合適的案子，彼此的關係遲早會結束，其中一方會先提議分道揚鑣。

因此，查德沒有意願與不適合太平洋資本的客戶合作。他最後（禮貌地）拒絕的潛在客戶（老客戶的推薦）比他接受的還多。查德告訴我：「如果我們同意與不適合的人合作，對我的團隊和新客戶都是一種傷害。」

無論是他個人或者公司負責人的角色，查德都擁有時間自由和財富自由。因此，他很清楚自己想要什麼、公司想要什麼，他會審慎選擇和誰一起工作、和誰一起共度時光。

如果遇到合適的潛在客戶，他也不會迫切抓住對方。他真心希望成為對方心目中的最佳人選。如果他不是別人心目中的最佳人選，他也不會勉強合作。正如他告訴潛在客戶的：

「您千萬不要有壓力，好像非得跟我們合作不可。這是雙向面試，我們都還在評估這場合作是否契合。如果您選擇別的顧問公司，我們也會祝福。只有當彼此的目標和期望百分之百一致，雙方都熱切想合作的時候，我們再共事。從第一天起就目標一致且坦誠相待，對長期成功至關重要。畢竟，這是合作的全部意義。」

只要雄心遠大於回憶，
我們依舊年輕。

▼永遠當買方，由你來決定與誰連結

「永遠不要讓別人成為你的首選，而你卻只是他們的選項之一。」

——馬克．吐溫（Mark Twain，一般認為是他所說），作家

根據哈佛大學心理學家丹尼爾．古爾伯特博士（Daniel Gilbert）的研究，一個人的性格（喜好和態度）會隨著時間改變。現在以你自己為例回答下面問題：

- 你還是十年前的你嗎？
- 你看待世界的方式跟十年前一模一樣嗎？跟五年前一模一樣嗎？
- 你跟十年前一樣專注於相同的目標嗎？
- 你的優先事項跟十年前一樣嗎？
- 你想要的東西跟十年前一樣嗎？
- 你現在如何運用時間？過去是怎麼運用的？
- 你能容忍的事物跟十年前一樣嗎？

古爾伯特博士發現，回顧過去十年，所有人都能看出自己的改變，而且通常變化很大。凱特和查德做事的方式完全改變了，他們還只是其中兩個例子。由此可見，過去是重要的資訊和學習，讓你用不同的方式對待生活和未來。

凱特和查德不再忍受過去的做事方式，逐漸致力於成為別人心目中最好的人。

創業教練兼策略師莎儂・沃勒（Shannon Waller）也有同樣的發現。六年前莎儂終於聘請一位行政助理，把自己從一堆事務中解放出來，莎儂很快意識到，以前自認為無比重要的事情，其實沒有那麼重要。過去他自認為只有自己能做的事情，現在也可以輕易地交由他人代勞。結果就是，莎儂立刻空出了很多時間，可以專注於更有影響力、更符合自身熱情和目標的專案。

至於查德之所以能夠拒絕高淨值的潛在客戶，一部分原因是他最近接觸了一些要求太多的客戶。此外，查德也有能力拒絕一個看似很好的機會，而這個機會將成為限制，對他的未來有害無益。他想堅持自己的價值觀，期許成為有能力的領導者，一位能夠拒絕潛在負面的人。因為查德清楚自己的未來是什麼模樣，所以他能拒絕現在看似不可思議的機會。

現在輪到你了。花點時間思考以下的問題：

- 在過去五年裡，你身邊的人有什麼變動？你有什麼變化？
- 你再也不能容忍的事情什麼？
- 為了周遭的人，你如何成為一個更好的人？

對此，丹有一句話是這樣說的：「永遠當買方。」意思是，任何情況下你都應該是買方，而不是賣方，因為買方可以拒絕賣方，賣方不能拒絕買方。查德是買方，由他來選擇客戶，有人想跟他合作，不代表一定能合作。

這就是**人際圈自由**。

生活中的各個領域你都可以當買方，做法是拒絕任何與你的願景不一致的人事物。做買方需要勇氣，不過日積月累下來將成為你建立關係的唯一方式。你選擇人際圈會變得非常挑剔，因為你非常清楚未來的自己是什麼樣的人，你的願景、優先順序是什麼。

當你開始拒絕與你內在不一致的人、義務、事件，從那個時候開始，也只有從那個時候，你才能擴大信心和目標。相對地，你只會參與高品質的人際圈，在這種關係中，你和另一個人的願景完全一致，你們能以強大的方式增進彼此的能力。

> 一個人的自信來自朝著遠大於目前能力所及的目標前進。

重點一次看

- 為了擁有人際圈自由，你不能再和跟你願景不一致的人共事。
- 你可以建立某些緩衝和系統，確保自己不再直接與不一致的人共事。
- 隨著拒絕與你未來願景不一致的人和機會，你的自信會增加，團隊也會對你這個領導者更有信心。
- 現在的自己不會再容忍以前自己能容忍的情況和人。
- 未來的自己不會容忍、也不會與你目前能容忍的情況或人打交道。
- 根據你想創造的未來勇敢做出決定，你就可以更大膽地躍向自由和成功。

9

創造互利、有影響力的合作關係

「不管你的頭腦或策略有多聰明，如果你單打獨鬥，必然會輸給團隊。」

——里德．霍夫曼（Reid Hoffman），LinkedIn創辦人

無論你在哪裡看到嘆為觀止的工作成果，背後靠的是眾人之力，就算表面上看起來並非如此。以高爾夫球為例，表面上高爾夫球是個人運動，但是當你深入了解細節會發現實際上並非如此。

在職業高爾夫球協會（Professional Golf Association）的比賽中，每位高爾夫球手都應該「單打獨鬥」，不過每位選手都可以帶球童。球童協助選手揹著球袋、拿著球桿，也提供有見地的建議和道德支持，身兼助手、導師、策略師和心理學家。球童的重要性看似不

高，但是好的球童決定了選手在高爾夫球場上的最佳表現。

老虎．伍茲和球童史蒂夫．威廉斯（Steve Williams）之間的關係就是最好的例子。從一九九九年到二〇一一年，威廉斯是伍茲的球童，不只幫伍茲拿球袋，還從旁鼓勵伍茲。威廉斯還會在伍茲比賽落後的時候奚落和嘲笑他，讓伍茲怒火中燒，激發競爭心。

威廉斯甚至會故意誤導伍茲，只要他認為這樣做會改善伍茲的比賽表現的話。

在二〇〇〇年美國職業高爾夫球錦標賽第四輪第十七洞的球道上，伍茲落後一桿，他必須拿到小鳥球（Birdy）才能追平領先者。威廉斯算出到旗子的距離是九十五碼，但是他故意告訴伍茲還差九十碼。威廉斯對伍茲的每場比賽和揮桿模式一清二楚，甚至比伍茲自己更了解。在接受《高爾夫》（*Golf*）雜誌採訪時，威廉斯說：

「老虎的遠端控球是個問題，他沒有辦法用同一支球桿連續三次打出相同距離的球。所以我會調整碼數，不告訴他正確值。如果實際上有九十五碼，我可能會告訴他八十五碼，取決於他揮桿的方式。」

在威廉斯的建議下，伍茲在第十七洞將球打到離洞二呎的位置，最終贏了三洞，進入季後賽。威廉斯報錯誤的碼數給伍茲長達五年了，而這正好就是伍茲的

目的會吸引支持。

職業生涯顛峰。

本章後續，我會解釋具體專案中有效合作的關鍵。

▼保持謙虛，接受且信賴他人的建議

「沒有矛盾就沒有進步。」

——威廉・布萊克（William Blake），詩人暨畫家

伍茲非常依賴威廉斯的想法、觀點和策略，雖然有的時候伍茲也會反駁或不同意，但是威廉斯總會改變伍茲對特定情況或策略的看法。

參與高品質團隊的第一個關鍵：不要認為你完全了解自己在做什麼。你必須接受別人的想法，必須意識到其他人的觀點、解決方案或策略可能比你的還要好。這是一件好事！

在經典著作《思考致富》（*Think and Grow Rich*）中拿破崙・希爾（Napoleon Hill）曾描述，芝加哥一家報社的律師們試圖問福特汽車公司創始人亨利・福特（Henry Ford）大

量奇怪的問題，以此證明他的無知：「誰是班奈狄克・阿諾德（Benedict Arnold）？」以及「英國派了多少士兵到美國鎮壓一七七六年的叛亂？」

最後福特厭倦了這些荒謬的問題，在聽完其中一個特別無禮的問題之後，他傾身向前，用手指著提出這個問題的律師說：

「如果我真的想回答你剛才問的蠢問題，或者所有其他問題，讓我提醒你，我的桌子上有一排電動按鈕，只要按下正確的按鈕，我就可以召喚助手來回答任何我想知道、我投入大部分精力的事業問題。」

福特汽車能夠如此成功與創新，是因為他知道自己有多無知。他不需要知道所有的事情，也不需要成為所有事情的專家，他只要懂得成事在人的力量就好了。他尋求、也歡迎其他人的觀點，所以他召集了許多傑出的人才來設計、製造、銷售和配送他的汽車。

你只有自己一個人，就算聰明絕頂，擁有的觀點依然非常侷限。只有把自己的觀點和技能與他人的觀點和技能相結合，你的思維和成果才會顯著地提升。

科技是一支持續變聰明、更迅速的團隊。

▼運用八〇%法則鼓勵快速回饋，接受不完美

「一幅畫永遠不會完成，它只是停在有趣的地方。」
——保羅．加德納（Paul Gardner），微軟共同創辦人

「事情完成八〇%算是取得成果，完成一〇〇%則會思索如何精進。」
——丹．蘇利文，創業家教練

一九六七年三月二十九日，約翰．藍儂（John Lennon）在保羅．麥卡尼（Paul McCartney）位於倫敦的家中與他會面，繼續製作一首給林哥．史達（Ringo Starr）演唱的歌曲，他們前一天就開始製作，希望當晚能夠順利錄製。《星期日泰晤士報》（*Sunday Times*）的記者杭特．戴維斯（Hunter Davies）和他們待在一起，記錄著約翰和保羅合作時的場景。戴維斯寫道：

「約翰開始彈吉他，保羅則是彈鋼琴。就這樣各自彈了好幾個小時，兩人似乎處於神遊狀態，直到某個人想出了什麼好東西，然後他會從一堆噪音中找出來試試看。」

那天晚上，樂隊全體成員來到街角的EMI錄音室，準備錄製這首歌。

他們在錄音室裡待了幾個小時，保羅彈鋼琴，喬治・哈里森（George Harrison）彈電吉他，林哥打鼓，約翰敲牛鈴。儘管嘗試了十次，最終還是創造出大家都滿意的音樂成果。

林哥得到朋友的支持和鼓勵。就像當時在場的其中一名錄音工程師傑夫・艾默里克（Geoff Emerick）在回憶錄《在這裡，在那裡，無所不在：幫披頭士錄製歌曲的日子》（*Here, There and Everywhere: My Life Recording of the Beatles*）中描述的：「三名同伴聚集在林哥身邊，離麥克風後方幾吋之遙，默默地指揮並鼓勵著他，讓他勇敢完成自己的歌曲。這是披頭四團結一致的感人表現。」

然而，還有最後一個問題。這首歌的高潮部分必須飆高音。林哥其實很害怕，後來他說，要唱到那個高度他需要很多支持，尤其是保羅的支持。

經過幾次嘗試，他終於成功唱到那個高度，大家歡欣鼓舞，錄音結束了。這首歌叫什麼名字呢？〈有了我朋友的一些幫助〉（*With a Little Help from My Friends*），通常你需要一點鼓勵才能勇敢，這就是團隊合作的意義所在。

這則故事是創造力、團隊合作和創新的有力例證。這是一個反覆的過程，比起獨自一人在沒有回饋的情況下，試著完善自己的想法，不如趕快把自己的想法拋出來，從團隊中獲得回饋，然後不斷調整、改善才是有效的做法。

你愈快拋出半成品，愈快可以將半成品轉化為很棒的成果。丹把這種現象稱為「八〇%法則」。你可以很快完成專案的八〇%，比如寫出粗略的草稿。然而，從八〇%到九〇%要做的事情，比從〇%到八〇%還要多很多，從九〇%到一〇〇%更如同攀爬一座高山。所以，你只需要做你這個角色能做的事情，然後迅速把八〇%半成品傳遞給下一個人。你期望獨自將想法盡善盡美而不尋求回饋的時間愈長，轉化過程就愈慢。讓你的「人」參與進來，不要試圖自己做所有的事情，愈早參與團隊合作，工作進展愈快，結果也愈好。而且，有了鼓勵，你會克服挑戰，不像平常那樣拖延。

最後，要習慣發布或送出不完美的作品。沒有什麼是真正的「結束」，只有「完成」。完成比完美更好、也更重要。

人們最想買的是自己的未來。

▼有問題大聲問，不要怕尋求幫助

「情緒這種痛苦，只要我們把它轉化成清晰又精確的圖像，你就不再痛苦了。」

——維克多．弗蘭克（Viktor Frankl），《向生命說Yes》（*Man's Search for Meaning*）中引用斯賓諾莎（Spinoza）的《倫理學》（*Ethics*）

「任何與人有關的事情都可言喻，可言喻者易於管理。當我們可以談論自己的感受，感受不再難以招架、難以忍受，也不再可怕。跟我們信任的人聊重要的事，能讓我們知道自己並不孤單。」

——羅傑斯先生（Mr.Rogers），引用《羅傑斯先生的鄰居》（*Mister Rogers' Neighborhood*）兒童節目

實現目標的路途上，你會不斷地在某時某刻陷入困境。不是你正在做的事情太有挑戰性，就是生活中總會出現讓你窒礙難行的事情。你愈早向周圍的人坦誠自己的感受，就能愈早解決問題繼續上路。

當你掙扎或陷入困境，最糟糕的選擇是把它們藏在心裡。只要你容許自己脆弱，坦誠面對自己的感受，你的情緒會立刻平復下來。只要坦誠溝通，你就能以不同的方式看待自己的情緒。同時，你也可以朝著結果前進，因為比起逃避痛苦的情緒，你更想繼續向前邁進。

丹說過：「所有進步都從說實話開始。」我寫這本書的時候深刻地體會到這一點。我寫書的時程特別短，手邊的任務讓我難以負荷，情況持續了好幾個星期，不過我沒有告訴任何人「我被困住了、我不知所措」，就只是拖延，獨自承受莫大的壓力，最後還生了重病。

隨著最後交稿期限的逼近，我離目標還遠得很。但是我也病得不輕，根本不能工作。終於到了我必須說出自己陷入困境的時候，我向塔克坦白我的狀況。他問：「你為什麼不早點告訴我？」我沒有什麼好藉口，只是害怕求助而已，害怕承認自己不知道所有答案。

不幸的是，因為我缺乏開放思維去溝通，讓團隊的目標處於危險之中。最後期限是很真實的東西。為了讓這本書在預計的時間上市，我們必須快速產出成果。第一個必須修復的是我的情緒。塔克協助我釐清為什麼情緒會深陷低谷、無法自拔。說實話，我很在意丹如何評價這本書。我從來沒有和其他作者合寫過書，而和丹一起寫書簡直讓我夢想成真。所以我沒有做自己，寫作也沒有發揮專業本領，整個人因此受限、卡住了，「擔心丹會如何評價這本書」阻礙了我的創意。我也煩惱自己到底有多大的自主權，可以把這本書寫成我想要的樣子。

塔克幫助我意識到，我所能做到最棒的事情，就是創作「我想要」的書。身為丹找的「合著者」，丹希望我完全掌控做事的步調。這是我的書，我的方法，我是他找的人才，我擁有完整的自主權，沒有其他人能寫出我即將要寫的內容，這就是我勝任這個角色的原因，我僅僅需要許可權，而塔克幫我拿到了。這個許可權給了我信心繼續寫我想寫的書，而不必再擔心別人的評價。

此外，我還從塔克那裡學會有邏輯地組織一本書。想讓人充滿幹勁，就需要一條去向明確的道路，而這通常需要有人從旁協助你規畫，讓自己再次找到前進之路。塔克比我更懂書，與他談過幾次之後，我建立了自己喜歡的架構，架構一到位，我就能盡情發揮、繼續前進了。

我真希望當時早點鼓起勇氣表達自己的需求，這樣就能為自己和團隊減少很多壓力和痛苦。不過正如丹說的：「你學到的教訓絕對比你的經驗更重要。」衷心期盼我確實從這次經驗中記取教訓，不再重蹈覆轍。

野心和成功不需要理由。

無論你的角色、責任或挑戰是什麼，愈早表達自己的需求愈好。如此不但能梳理自己的情緒，還會得到重新點燃動力所需的清晰感。你也會意識到一些極其重要的事情：生命中、團隊裡的人們真心愛著你、關心著你。當看到周遭的人有多關心你、多希望你成功，總是令人心生謙卑。反過來說，唯有在謙卑和脆弱的時候，你才會發現他們的關愛，這段經歷其實也增加了你對團隊的承諾。看到他們那麼關心你，你會更投入團隊、更渴望把工作做到最好，以此成為同事心目中的英雄。

▼真誠努力成為你的人際圈、你的「人」的英雄

「成功像幸福一樣無法追求，是伴隨而來的，只能是人獻身於比自己更偉大的志業時，或是傾心臣服於他人而非自己時，不期而至所產生的副作用。」

——維克多・弗蘭克（Viktor Frankl），神經暨精神病學教授

「你想成為誰的英雄？」

——丹・蘇利文，創業家教練

如果你真心想要成為團隊的英雄，就應該為他們挺身而出，盡其所能去產生必要的結果。

如果你抱著交易心態，只是為了自己而去追求重大成就，那麼短期內你也許能得到一些成果，但是你無法突破大專案帶來的重大挑戰，你沒有辦法走出混亂，而這些障礙通常需要轉化型的成長關係。

丹非常想要成為「他的人」的英雄，期望程度之強烈，每每令我震撼不已。我自己有過切身體驗，他願意用我想都不敢想的方式幫助我，因為他想成為我的英雄。身為他的「合著者」，我也想成為他的英雄了。

你團隊中的每一位成員應該都想成為你的英雄，也應該想成為其他人的英雄。同樣地，身為領導者，你衷心盼望的應該就是成為團隊的英雄，這也應該是你的終極目標。你會盡所能及地努力，確保做出成果，因為你真誠地在乎團隊的願景，真誠地想成為你身邊這些人的英雄。

得到結果根本不用花太多時間；
得不到結果才耗費了所有時間。

重點一次看

- 無論你在哪裡看到哪些優秀的工作成果，其實都是通力合作的成果。
- 你並非萬能，認為自己對大多數事情都很無知，並尋求他人的觀點和解決方案才是明智的做法。
- 運用八〇%法則來推動專案，不要過分糾結於專案中你自己的那部分，趕快丟出來並得到回饋！
- 溝通要完全開放和誠實；需要幫助的時候就尋求幫助。
- 努力成為共事者的英雄，為了他們盡你最大的努力。

PART 4

不斷擴展目標的自由

10

你必須停止競爭，開始合作了

「有創造力的人受成功而非受打敗別人的欲望所驅使。」

——艾茵・蘭德（Ayn Rand），哲學家

過去二十年裡，一名舊金山的律師凱倫・南斯（Karen Nance）一直想為奶奶寫傳記。她的奶奶艾瑟爾・雷・南斯（Ethel Ray Nance）是一位重要的民權運動者，在一九二三年打破明尼蘇達州立法機構秘書的膚色限制，成了舉國皆知的名人。

為奶奶寫傳記的欲望使得凱倫做事的方法轉變為「找人不找方法」，最終還擴大了她的目標自由。目標自由是人生願景和目標感，當你看到自己所做所為的深層意義和價值，目標感就會擴展。臨床心理學家維克多・弗蘭克說過：「人生變得難以忍受從來不是環境

所致，而是因為缺乏意義和目標。」目標感愈深刻和強大，人生就愈有意義。而且為了實現目標，你會更堅定地去做必須做的事。

幫奶奶寫傳記與凱倫的目標有關，因此一種神聖的責任感油然而生，她想把奶奶的故事傳播到全世界。其實幾年之前她已經動筆開工，但是很快就對自己的專案進展大失所望。寫傳記這件事千頭萬緒啊！

儘管她盡了最大努力，進展仍然緩慢。有的時候她可以專注於寫作，然而大多數時間她都將工作晾在一邊，距離完成還差得遠了。她從不欠缺寫作能力或寫作目標，只不過她是有著全職工作的律師，每天忙於真正重要的事務。

這本傳記一直擱在凱倫的心裡，沒有哪天不想的，與此同時，面對缺乏進展以及成書和出版的現實，她又充滿了緊迫感和挫敗感，她想著：「總有一天我會完成的……即使那可能要花五到十年。」

距今十二個月之前，凱倫收到一封電子郵件，迫使她更急於完成這本傳記。威斯康辛大學麥迪遜分校（University of Wisconsin-Madison）的歷史學教授艾瑟琳．惠邁爾（Ethelene Whitmire）正在撰寫凱倫奶奶的傳記，希望能從她那裡獲得更多的資訊。

惠邁爾博士在電子郵件中解釋說，她是研究美國黑人女權主義的歷史學家，已經出版過重要的黑人女權運動家瑞吉娜．安德森．安德魯斯（Regina Anderson Andrews）的傳記，也是艾瑟爾．雷．南斯的表親。惠邁爾博士並不知道凱倫也在寫傳記，郵件中還提到自己已經寫了一百頁左右。凱倫最初的反應是不與惠邁爾博士分享任何資訊。

她為什麼要幫這個女人？

她們可是互相競爭的關係……

凱倫已經寫了二百多頁，但是內容和結構很零散，她知道必須加緊腳步才有機會趕在惠邁爾博士之前出版這本書。

凱倫本身是個大忙人，工作行程滿檔，與日俱增的緊迫感變成愈來愈強烈的焦慮和壓力。隨著時間一天天過去，她知道惠邁爾博士的傳記持續有進展，可能已經逼近終點線了。

其實凱倫有一些惠邁爾博士無法獲取的內部資訊，但是她不願意和惠邁爾博士分享，這想法會讓她心安一點。凱倫現在能做的事情，就是確保惠邁爾博士拿不到她掌握的資訊，然後自己盡快寫完傳記，儘管現實情況是她忙到根本沒時間寫作，而且她也從未寫過傳記。

我在二〇二〇年一月認識凱倫，她把這件事情告訴了我，並向我尋求指導和支持，希望我能幫助她實現二〇二〇年的目標。凱倫是一位雄心勃勃、鼓舞人心且致力於美國人權事業的女性。在他眾多的目標中，也包括了她奶奶的傳記，那是她真正想完成的事情。考慮到惠邁爾博士的情況，凱倫覺得有必要在二〇二〇年寫完傳記，儘管當時她正忙著達成另一項非常重要的任務，就是把自己定位為人權界的法律權威。

我知道凱倫不可能在不到一年的時間裡，全心全意寫完這本傳記。他寫了好幾年了，但距離完稿還早得很。而且她的工作需求只會愈來愈多，根本抽不出時間和體力去寫作。我並不是說她能力不夠，但是寫傳記不是一件輕率完成的事情，尤其是凱倫想要榮耀奶奶，創作出有持久價值和影響力的作品。

這件事只有一個解方：凱倫必須停止競爭，開始合作。她必須放棄匱乏心態轉為豐盛心態，以及擴展自己的視野。她必須停止孤立封閉地寫作模式，不再把所有壓力都攬在身上，相對地，她需要找一位有資格的人去執行那項專案，把專案做得比自己夢想中的還要好。事情就這麼發生了，一位傑出的歷史教授暨傳記作家，早就朝著凱倫的目標前進……她們只是還沒有達成共識。

「那如果，妳找她合寫這本書如何？」我問凱倫。這個問題把她嚇得說不出話來，我繼續解釋：

「如果妳們攜手合作，這本書只會變得更好，不是嗎？再說，惠邁爾博士是一位經驗豐富的傳記作家，這是她的專業所在，而且她還能接觸到出版社、媒體和其他形式的通路，這些都妳無法接觸到的。妳不用再花時間寫作，只要把目前完成的內容交給她全權處理。這本書絕對會比妳目前想像中的好更多。最重要的是，妳們兩位都是訊息傳遞者，能讓妳奶奶的故事傳得更遠、影響更多人。」

就是這麼簡單明瞭，凱倫立刻如釋重負。這個解決方法不但把她從受困的專案中解救出來，有機會與惠邁爾博士共事也是一種可遇不可求的祝福！凱倫非常幸運，遇上一位職業傳記作家暨歷史教授，而且還是凱倫關注的議題專家，剛好又有興趣為她默默耕耘民權運動的奶奶寫傳記？凱倫開始覺得自己走大運了。這本傳記一定會變得比她原先所想的還要有深度、也更有影響力。

當「好的人」參與其中，計畫會變得更重要、更有影響力——這就是找人幫忙，而不是自己埋頭苦幹來實現目標自由的例證。在你的目標中加入合適的人，用更強大的能力和觀點補足你的弱點，最初的願景就會自動擴展，你的目標會變得比原先想的還要好。

我請凱倫立即寫封電子郵件給惠邁爾博士，提出與她合著這本傳記的想法。凱倫寄出郵件之後很快收到回覆。惠邁爾博士樂意與她合著傳記。

凱倫現在有了合著者。

她不需要再拖延或感到內疚，不需要參與競爭，不再焦慮不安，這個專案現在勢必可以完成。不僅如此，因為單人專案變成雙人合作案，書的內容會變得更豐富、寫書速度會更快，還能夠觸及更多人。

現在凱倫可以把所有注意力集中在其他緊迫的目標上了。她正在成立一間關注人權的非營利組織，而這個角色完全符合她的技能和熱情。

沒錯，傳記給了她目標，她大可排除萬難、想方設法寫完這本傳記，但這過程代價太大了。如果繼續寫下去，她很可能忽略自己現在的角色和熱愛的工作。

創業家的人生取決於結果，與時間或努力無關。

現在，不需要犧牲與妥協，奶奶的傳記正由傳記專家撰寫，凱倫則把注意力集中在她想發揮的地方。兩項專案齊頭並進，一切都歸功於凱倫不再孤軍奮戰，願意讓「好的人」參與其中。

▼「自己來」的代價太大，只會低估你的潛力和成就

「太多以自我為中心的態度帶來孤立。結果是，孤獨、恐懼、憤怒。極端以自我為中心的態度是痛苦的根源。」

——達賴喇嘛，藏傳佛教格魯派的最高領袖

小學的課堂裡，老師告訴你，從別人那裡得到幫助是「作弊」，沒有人教如何運用同儕的能力和幫助。然而，在商業世界和漫漫人生裡，遊戲的名字就叫「合作」。獲得別人的幫助不僅能讓你創造成功，還能賦予你深刻的意義和歸屬感。

專注於做事的方法，你很快會被自己的目標孤立，這種思維來自一種錯誤的觀念，認為每項工作你都要百分之百投入，也許出於職業道德或立意良善，但是專注做法終究不明

智。為了執行一大堆任務，只能平庸地完成所有的事情，還把自己累得半死，這怎麼可能會有好的回報。結果才是關鍵。

再者，孤立且孤獨地執行目標會限縮你的觀點，扭曲你成為憤世嫉俗的人，侷限對自己和他人的看法。你低估了他人的貢獻，也低估了自己的潛力和可能達成的成就。願景不斷萎縮，到頭來變得只敢專注於獨自一人可以完成的工作。你不再友善與人相處，總是武斷固執地看待別人，甚至看待自己，你永遠不會成長為領導者或決策者，無法體會團隊合作的樂趣和自我轉化，也無法體會到成功可以不斷升級。你，限制了自己的自由。

想擺脫孤立，解藥就是問問自己：「誰能幫助我完成這件事？」

事實是，你不必因為沒有事事親力親為而內疚，尋求幫助不會貶損你的品格，你不是作弊。

更重要的是，有很多聰明又有才華的人願意幫助你實現目標（也得到你給他們的幫助）。

與其每天活得內疚、沮喪，覺得自己能力有限，你應該心懷感激有很多優

唯一能讓別人真心懷念你的方式，就是提升他人的能力。

秀的人能夠幫助你，也有意願幫助你！

▼捨棄獨立思考的陷阱，你可以跟全世界最好的人合作

「競爭是留給失敗者的。」
——彼得．提爾（Peter Thiel），PayPal共同創辦人

人類之所以能夠繁榮昌盛，是因為人類與生俱來溝通和合作能力，只不過，大多數的人還沒有發展出創造願景、做決定、成為領導者或建立團隊的能力。

過去一百年裡，尤其是在美國，長期推崇與強調「競爭」和「自己找方法」。傳統的教育系統是為了支援工業模式，這種模式沒有教導學生如何合作、領導和組成團隊，而是教導他們用一堆方法去歸納和推論，然後參加無意義又抽象的考試。這種教育系統培養出競爭意識，自我價值是根據考試或作業排名來判斷。

難怪美國企業的主流商業文化大力推崇高度個人主義，充滿競爭而不是合作。

根據南加州大學商學教授大衛・洛根博士（David Logan）的研究，他將大多數的商業文化稱為「第三階段文化」，這是內部競爭的縮影，每個人只想著自己，熱中背後捅刀、八卦他人，或願意做任何讓自己升遷比同事更快、更高的事情。

至於「第四階段文化」就相當罕見了，這種文化強調團隊合作，注重團隊的品質和特點，而不是個人。第四階段文化在商業和體育方面，遠比第三階段文化更有成效、更成功。

我們先前提過菲爾・傑克遜，這位傳奇籃球教練曾在喬丹時代帶領芝加哥公牛隊奪得六次總冠軍，也曾帶領柯比・布萊恩和俠客・歐尼爾率領的洛杉磯湖人隊勇奪五次總冠軍。他說當時的公牛隊是處於第四階段的球隊，所以他們能夠創造歷史，永遠改變籃球世界。

反觀湖人隊，他們處在第四階段的時候總是能贏得總冠軍，不過他們通常處在第三階段，互相競爭誰能拿到球，誰能投出最後一球。

柯比和歐尼爾很難團隊合作，兩個人都想當主角。他們之間的競爭最終驅使歐尼爾轉往另一支球隊發展。雖然在第四階段裡，他們兩人一度連續三年贏得總冠軍，大家也紛紛預測，如果這兩人都能繼續留在湖人隊，柯比和歐尼爾絕對有潛力一起贏得更多總冠軍，成為有史以來最強的NAB組合。

亨利・大衛・梭羅（Henry David Thoreau）在《湖濱散記》（*Walden*）中有一句名言：「大多數人都過著平靜而絕望的生活。」我們認為，之所以會有這種感受，源自於人們被教導要獨立思考，而非與人合作。

由於科技、資訊和全球化的指數型成長，世人正在擺脫平庸且受限的「找方法」模式。公共教育系統的教學方法和原則備受審查。愈來愈多人尋求合作機會、或靈活和有意義的工作。那些善於與導師、教練和夥伴建立連結的人，有潛力創造驚人的財富和自由。

更關鍵的是，科技快速發展，許多過去由專業人士完成的工作，都被外包委派給機器。不管你認為自己的技能有多好，五年之後這些技能大多不再重要。但是，與人溝通、學習和合作的能力卻變得愈來愈有價值。

我們身處在不侷限於「自己找方法」的世界，相對地，在我們所處的世界，「人」（包括科技）可以讓你比起過往更快產生更好的結果，進而獲致更多的自由。「競爭」和「自己找方法」的時代正在消逝，我們有更多選擇，更容易找到需要的人才來建立一支支持你的團隊，因此我們有能力擁有目標自由，並對世界各地的人們產生確實的影響力。

想要現在變得更好的唯一方法，
是讓你的未來變得更好。

重點一次看

- 專注於「自己找方法」會讓你思想僵化，缺乏合作觀念。
- 專注於「自己找方法」會讓你承受極大的壓力，因為你已經夠忙了，無法兼顧所有事情。
- 專注於「自己找方法」會讓你孤立無援地追求目標，最終進步緩慢。
- 孤立目標會削弱你的夢想。
- 競爭阻礙創意革新，限制你的未來。
- 合作能立即擴展你的目標自由和願景，因為和別人一起做事，會比你一個人能做的還多。
- 合作讓你專注於自己想專注的事情，所以不需要因為尋求幫忙而內疚。
- 合作將你的最初意圖轉化成更好、更有影響力的結果。透過擴展你的願景，目標自由也會跟著擴展。

11

人的互利效應如同漣漪不斷擴大影響力

「如果你根據熱情來安排生活，可以把熱情變成你的故事，然後把故事變成更大的東西——一些更重要的東西。」

——布雷克·麥考斯基（Blake Mycoskie），休閒鞋Toms創辦人

二〇一五年一月，在我獲得組織心理學博士學位的第一年，我和妻子蘿倫成為三名兄弟姊妹的寄養父母，後來又在法庭上花了整整三年試著收養他們。

寄養系統，尤其是負責我們案件的社工，不希望我們收養這三名孩童。他強烈反對我們的收養決定。他存有偏見、不喜歡我們，只因為我們公開尋求收養三名孩童的方法，在他看來，我們既沒有權利、所扮演的角色也不能夠這麼做。有一次，他違反法律把三名孩子從我們身邊帶走，非法地交還給他們的祖母，這位老太太沒有通過家庭調查，根本沒有

資格扶養孩子。

幾個小時之後，社工才不情不願地打電話來，粗魯地問我們是否還想扶養三名孩子。我們告訴他，當然想啊。

「那一小時之後在沃爾瑪停車場見。」他這樣說。

那天，我們按照他的指示把孩子們帶回家了，但是很明顯地，我們必須立即採取行動，防止類似事件再次發生。在這個糟糕現況、沒有任何保證能合法收養這三名孩子之下，我們非常感激南卡羅萊納州的收養律師戴爾．達夫（Dale Dove），精通法律的他，積極爭取改變南卡羅萊納的法律，為養父母創造更大的自由和機會，這些都是當時非常欠缺的。

有律師介入之後，案件有了轉機。

戴爾手上有幾宗與我們類似的收養案件也在州法院進行審理，最終他證明了南卡羅萊納州的法律需要改進，尤其是養父母應當有權利主動申請收養那些沒有健全家庭的孩子。多虧了他出色的工作表現和法律知識，我們才能收養這三名孩子。這完全是個奇蹟，單憑我們自己永遠做不到。

在收養孩子方面，我們需要的不是自己研讀法律條文（方法），而是專業的人士協助

（人）。

孩子改變和擴展了我們家庭的目標，而戴爾，由於他那鼓舞人心又富有同理心的工作態度，讓收養孩子成為可能。

▼「找人不找方法」規則只有一條——找到能拓展你的願景和目標的「人」

「一個人能做的很少，集眾人之力能做的卻很多。」

——海倫・凱勒（Helen Keller），作家

二十世紀兩位英國作家托爾金和C・S・路易斯（C. S. Lewis）主導了奇幻小說的世界。托爾金的《魔戒》（*The Lord of the Rings*）和路易斯的《納尼亞傳奇》（*Chronicles of Narnia*）兩套書加起來銷量超過三億冊，並繼續流傳百世。但大多數人沒有意識到的是，如果沒有他們的友誼，這兩套書就不會存在了。

如果沒有路易斯的鼓勵，托爾金可能永遠不會寫《魔戒》。如果沒有托爾金的敦促，路易斯可能永遠不會重拾基督教信仰，要知道基督教教義深深影響了他的作品。

不知道前因後果的人，很容易認為托爾金是孤獨的天才，《魔戒》長埋在他內心的某個角落，遲早有一天會出版。但那是夢幻又無知的想法，而且托爾金的思想深受路易斯的影響，如果沒有這種思想的融合和隨之而來的自信，托爾金根本不會寫（而且也寫不出）這些書。

心理學有一個稱為基本歸因謬誤（fundamental attribution error）的重要概念，也被稱為對應偏差或過度歸因效應，指面對一個人的行為，人們過於傾向用個性或人格來解釋，而不重視情境解釋。

尤其是西方文化過於關注個人主義，因此有了強烈的認知偏見，認為人的行為取決於他是「什麼樣」的人，卻不重視影響這個人的社會和環境。

托爾金是在牛津大學默頓學院任教一年之後的一九二六年，一次教職員會議上認識了同為教授的路易斯。他們一開始沒有很合拍。路易斯在日記中把托爾金描述為「一個圓滑、蒼白的小夥子——他身上沒有任何威脅，就算有，只要一巴掌就能制伏了。」但是出於他們都對挪威神話感興趣，很快兩人就產生了連結。

在接下來的幾年裡，托爾金、路易斯和其他幾個人頻繁在牛津大學校園一家名為老鷹與小孩酒吧（Eagle and Child Pub）的私人密室（叫做兔房，Rabbit Room）裡聚會。這個自稱「跡象文學社」（Inklings）的社團會一起討論文學與彼此的作品，正是在這些社團聚會中，托爾金和路易斯獲得了靈感。

一九二九年十二月六日，托爾金問路易斯是否願意看看他的詩〈麗西安之歌〉（*The Lay of Leithian*）。這首詩有四千二百多節，講述人類男子貝倫逃到精靈世界，愛上了永生的精靈公主露西安（Lúthien）的故事。托爾金私下創作這首詩已經四年了，不過由於作品的獨特性，托爾金不敢與人分享，但是路易斯欣然同意讀這首詩。

一天之後路易斯寫信給托爾金，表達了他的熱切之情：「我可以誠實地說，我已經很久沒有度過這樣愉快的夜晚了，無關閱讀朋友作品的個人興趣。」

讚揚了這個故事之後，路易斯說很快會有詳細的評論以及個別台詞的批評。沒過多久，托爾金收到一份詳細且全面的意見回饋，從整體主題到個別詞彙的替代建議。路易斯提出了非常具體的修改意見，甚至重寫了某幾章節。

托爾金很欣賞路易斯的觀點，並根據路易斯的諸多建議大量修改了這首詩。

從托爾金的角度來看，與路易斯分享創作——如此深入地暴露自己和他的藝術——是一項冒險行動。然而，在回饋創作建議給托爾金之後，路易斯也冒著同樣的風險，把自己的詩分享給托爾金，而托爾金也同樣提供了大量的、毫不留情的評論和回饋。

幾十年之後的一九六五年，完成了史詩級的三部曲並獲得廣大成功之後，托爾金寫了一封信給迪克·普洛茲（Dick Plotz），信中談到了路易斯：

「在很長一段時間裡，他是我唯一的觀眾。從他那裡，我才知道我寫的『東西』不只是個人的興趣。如果他不感興趣、毫無渴望繼續閱讀我寫的東西，我根本不可能完成《魔戒》。」

如果沒有路易斯，他根本沒有勇氣和信心完成《魔戒》。更重要的是，如果沒有路易斯的回饋和鼓勵，托爾金不可能創作能夠流芳百世的作品。托爾金在寫作的世界裡需要一位知音（人）。路易斯也一樣。

在路易斯鼓勵托爾金繼續繪製他的宇宙地圖時，自己也正經歷一場信仰危機。一九三一年的一個秋夜，路易斯、托爾金以及另一位跡象文學社的夥伴雨果·戴森（Hugo

Dyson）一起散步，他們鼓勵路易斯重拾信仰。黎明破曉之際，路易斯決定重返基督教，對基督教的重新奉獻徹底改變了他的想像力和創造力，為他最重要的作品和遺產提供了動力。

路易斯需要「知音」。

托爾金也需要。

沒有彼此，他們精妙絕倫的作品不會有今天的成就，甚至可能沒沒無聞。他們的傳世之作影響著各世代的人們，除此之外，從彼此那裡得到的鼓勵和支持，最終也改變與擴展了他們的個人生活目標。

如果沒有彼此，托爾金也許不會認真看待自己的作品，永遠不會完成《魔戒》這項艱巨的挑戰，更不用說出版了。路易斯自己也不會意識到，他的目標是努力讓更多人皈依他的信仰。正是因為有了「人」，他們才能擴展目標，接觸並影響更多人。

對你來說也是如此。你的身分並不是固定的，而是根據你當前的經歷而轉變。當你從

「好的人」那裡獲得鼓勵和支持，你的身分和目標也會擴展。

此外，藉由讓人參與你當前的目標和願景，願景也會迅速擴大、增長。以李・瑞克特（Lee Richter）和她先生蓋瑞的故事為例，他們在加州經營一間「整體獸醫護理」（Holistic Veterinary Care）動物醫院。

蓋瑞是一名獲獎的獸醫，公司每年收入超過一億美元，成功的核心原因之一是李處理人際圈的方式。

幾年前，她遇到了克麗希，一個才華橫溢的女性，負責管理領導力專家理查・羅西（Richard Rossi）舉辦的大型活動，這類活動通常會有一萬二千名以上的參與者。當蓋瑞在活動上發言的時候，李則是注意到了克麗希。

儘管當時世界最具影響力的名人都齊聚一堂，但克麗希還是把李和蓋瑞當成重要人士來對待。很快，李和克麗希成為好友，一直保持聯絡。

幾年之後，克麗希職涯轉換的時候打電話向李尋求建議。基於兩件事，李迅速做出判斷。首先，她相信克麗希的天賦，儘管當時動物醫院沒有適合克麗希的空缺，李還是創造了一個職位，因為她希望自己的團隊中有克麗希這種高品質的人才。第二，她知道克麗希對動物懷抱熱情和愛心，而動物也是她和蓋瑞這項事業的全部核心。

李馬上邀請克麗希加入。李告訴她：「不要答應保險業的那份工作，妳對那個事業沒有熱情。來我們這裡工作吧，我知道妳很愛動物，妳應該從事對自己別具意義的工作。」

李告訴我：「當你看到好人才，必須讓他們加入你的行列，然後找出運用他們能力的方式。你要為克麗希這種好人才搭建舞台，然後讓他們自由發揮。」

一年之內，克麗希升任他們九間公司的行銷長。除了運用自身行銷才能之外，克麗希基本上改變了整體獸醫護理原本所做的一切。李和蓋瑞的確很用心地照顧動物，但是自從克麗希加入團隊之後，蓋瑞的熱情和使命感急劇增加。克麗希的熱情能夠散播給周遭的人，為他們所做的每件事賦予更深刻的意義。

此外，克麗希的視角與蓋瑞和李完全不同。克麗希養寵物多年，她比任何人都了解整體獸醫護理客戶的觀點，因為她自己也是客戶之一。她知道寵物主人的感受，知道他們在想什麼、擔心什麼、在意什麼。因此，她不斷提出團隊想像不到的絕妙點子和建議。

當團隊擁有一位能夠激發團隊成員熱情和目標的人，團隊會得到一項無價的收穫——那個人會給你信心去嘗試更具挑戰的新任務。就李而言，她一直想在動物醫療領域執行

「登月」計畫。

一九六一年五月，時任美國總統甘迺迪（John F. Kennedy）向國會宣布了第一次登月計畫，當時他表明計畫在十年內把人類送上月球。到一九六九年這個目標實現了，阿姆斯壯成為第一位登月漫步的人。由於這個鼓舞人心的不朽成就，Google將「登月」一詞重新定義為追求崇高的目標，如果成功將會改變世界，就像阿姆斯壯在五十幾年前的月球漫步一樣。自二〇一〇年以來，自稱「登月隊長」的半機密機構Google X負責人阿斯特羅．泰勒（Astro Teller），監督著一些大膽專案的開發，比如自動駕駛汽車、Google眼鏡、高空風力發電機，以及運用氦氣球為偏遠地區提供網路連結的「網路氣球計畫」（Project Loon）。

二〇一六年二月泰勒闡述了「登月」的哲學原則。他說，所謂登月，首先就是要解決「影響世界數百萬人的巨大問題」。第二則是不應該對不成熟的措施妥協，而必須提供「徹底的解決方案」。泰勒的最後一個標準，是合理地期望科技能真正解決問題。登月計畫應該與夢想有關，也應該符合實用主義。

李的朋友史蒂芬．克雷恩（Steven Krein）是新創健康（StartUp Health）的創始人，這是一家擁有一百三十多間公司的聯合企業。克雷恩目前在醫療領域進行九項「登月計畫」，尋求以各種創新方式來改善數百萬人的生活，範圍從治療癌症等疾病到戒除毒癮。

自從克麗希加入團隊，並看到她對公司的影響之後，李不禁開始考慮執行登月計畫的可能性。她一直想在動物護理領域做些重大的改變，只是缺乏信心，直到她找到了克麗希（人）。

李決定打電話克雷恩，問他是否願意合作一項以動物醫療為重點的登月計畫。果不其然，克雷恩欣然同意了，所以現在李和蓋瑞正在嘗試前所未有、規模更大的專案。如果李沒有投資自己認為有價值的人（克麗希），一切也許不會發生，就算一開始她並不確定他們將扮演什麼角色。

身處新環境的時候，你必須知道哪些事情沒有商量的餘地。

▼互利效應讓你我成為彼此的英雄

「我認為英雄是理解自由帶來多少責任的人。」

——巴布・狄倫（Bob Dylan），創作歌手

JANCOA清潔服務公司（JANCOA Janitorial Services, Inc.）成立於一九七二年，這是一間小型的家庭企業，在沒有銷售團隊、沒有打廣告的情況下，過去六年裡規模幾乎翻倍。JANCOA擁有六百五十多名全職員工，每晚在俄亥俄州辛辛那提市清理超過一千八百萬平方呎的土地。

JANCOA擁有辛辛那提市近八〇%的企業清潔服務市場，連他們的競爭對手也不明白JANCOA是如何做到的。根據JANCOA的執行長暨共同所有人瑪麗・米勒（Mary Miller）所說，JANCOA之所以如此成功，是他們認可員工的人性，並把JANCOA當成一個幫助員工實現夢想的平台。

由於JANCOA的工作類型，當中許多員工缺乏教育，而且很多員工來自海外移民，所以清潔工在公司內部得不到應有的尊重。

當瑪麗和先生東尼（JANCOA的創始人）認真地去理解員工，JANCOA產生了關鍵的轉變。他們詢問所有員工，要順利完成工作的話，最主要的困難和挑戰是什麼。他們發現，最大的工作障礙是可靠的通勤工具，許多員工沒有車。這項發現促使瑪麗和東尼與辛辛那提當地的交通服務部門合作，為有需要的員工提供免費的交通工具。結果是，員工的通勤壓力小了，能夠穩定地準時上班，而且因為通勤時間減少了，工作和生活獲得更好的平衡。

瑪麗和東尼致力於消除阻礙員工獲致成功的障礙。這還不夠，他們主要的動機是顯著提高員工各方面的生活品質，所以不光是清除障礙，他們必須協助員工培養人生的使命感和目標感。例如，他們會舉辦最佳員工活動，提供金錢以及其他獎品來表彰優秀員工，也提供繼續受教和個人發展的機會。他們鼓勵員工設定比待在JANCOA工作更遠大的未來抱負，並把JANCOA當成實現目標的方法。

在一個每年平均流動率高達四〇〇%至五〇〇%的清潔行業裡，JANCOA年流動率是八五%，而導致這種顯著差異的原因是員工喜歡為JANCOA工作，公司文化充滿了關懷。更重要的是，JANCOA員工因為有公司的幫助而獲致更大的技能與力量。

瑪麗和東尼希望所有員工都把JANCOA當成墊腳石，鼓勵他們創造激勵人心又有意義的人生。瑪麗和東尼的目標是，在員工為公司服務的三到五年裡，培養員工實現夢想的技能和能力。由於能在JANCOA學到知識和獲得經驗，許多員工後來的職業生涯都很成功。這結果對瑪麗和東尼無比重要。

正因為瑪麗和東尼的理念，以及每位員工備受關懷，JANCOA的員工不會認為自己只是一名清潔工。他們不但為自己目前提供的基本服務感到自豪，還能預見自己屬於更遠大、更重要的未來的一分子。

他們看到了自己當前所作所為的大局，因此特別專注與在意自己的一舉一動。他們不只是清洗廁所而已。如同一則知名的故事，發生在甘迺迪總統於一九六一年第一次訪問NASA的時候。在參觀整體環境時，總統向一名正在拖地板的清潔工自我介紹，並詢問他在NASA做什麼，這名清潔工的回答既驚艷又鼓舞人心，他告訴總統：「我正在幫忙把人送上月球！」

那名清潔工不只是打掃廁所，他參與了一項更遠大、極為重要的事業。那名清潔工對他從事的工作有一個目標，有了這個目標就能把工作做到最好——無論何種職務。如果沒有目標，你的工作只會變得淺薄，僅僅為了餬口而已。當你受目標驅使，就不會只做到最低要求，而是打從心底立志成為創造者，願意超越職責更上一層樓。你會全身心投入工作，真誠地想要解決手邊的特定問題，真誠地關心你所服務的人。

三名泥瓦匠的比喻進一步說明了這個觀點。十七世紀英國建築師克里斯多佛．雷恩爵士（Sir Christopher Wren）是倫敦聖保羅大教堂的設計師，有一天他到建築工地視察，好幾位建築工人路過都沒有認出他來。

雷恩問其中一個工人：「你在做什麼？」。

那人回答：「我是泥瓦匠，正在辛勤地砌磚來養活我的家人。」

雷恩又問第二個人：「你在做什麼？」

第二個人回答：「我是建築工，正在蓋一堵牆。」

雷恩問第三個人：「你在做什麼？」

第三個人回答：「我是這間大教堂的建造者，正在為偉大的神建造一座大教堂。」

這幾個人做著同樣的工作，但「目標」卻完全不同。第三名泥瓦匠有著擴展的目標自由，改變了他所做的一切。

在JANCOA員工的人生中，第一次因為自己從事的工作而獲得尊重和尊

除了天賦才華，什麼都可以委派他人。

嚴。他們被激勵去學習技能、提高視野，並運用這個機會建立能超越JANCOA的未來。

瑪麗和東尼大量投資他們最關注且重要的人：員工。因此，他們的顧客獲得了完全不同的體驗和服務水準，瑪麗和東尼找到了廣大、而且是轉化型的目標，他們的事業開始指數型成長。

重點一次看

- 只有透過人，生命中最重要的奇蹟和祝福才會發生。
- 只有透過人，目標和生活才能得到轉化和擴展。
- 人能幫助你看到未來和工作中的潛力，這些都是目前的你看不到的。
- 人能拓展你的願景，給你追求大目標的信心。
- 你的人會成為你的目標。

結語

這是一個人生會變得愈來愈好的策略與思維

「沒有芭布斯，就沒有教練」

——丹・蘇利文，創業家教練

一九七八年八月十五日丹第一次破產。當時他預先為客戶做諮詢服務，好幾位客戶的帳單卻都逾期未繳。服務得不到報酬已經夠痛苦了，更糟的是，他在破產的同一天離了婚。

由於這段經歷太過痛苦，丹決定弄清楚自己想要什麼，他開始寫一本「我想要什麼」的日記，在接下來二十五年裡，他每天都會寫下生活中想要的一切。

四年之後，也就是一九八二年八月，丹遇到了當時在多倫多經營自己診所的按摩治療師芭布斯，他們成為了朋友。同一年年底，丹開始創辦他的策略圈（Strategy Circle），這正是後來策略教練的核心概念。丹繼續調整精進策略圈直到一九八三年夏天，也是公司成立的第一年，丹和好友芭布斯互相支持，從共同制定商業策略中獲得了極大的樂趣。

丹帶著芭布斯做策略圈練習，幫助她發展事業。「這以後會非常了不起。」芭布斯在做完策略圈演習後語帶敬畏地說。

「妳的事業嗎？」丹問，以為芭布斯在說這練習對按摩診所的影響。

「不，是**策略圈**。」

芭布斯立刻被丹這種有趣、獨特又很重要的思維模式吸引。她看出丹做這些事情可能產生的影響，遠遠超出丹自己所能預見的。芭布斯愛上了丹。

從一開始，他們之間的連結就不僅僅在事業上。對他們來說，這是一種精神連結。沒錯，他們是彼此的「人」，但不只是經濟方面。

他們根據丹的策略圈和相關概念建立了策略教練——他們的培訓公司，這個過程水到渠成且充滿創造力，不是線性發展。他們合力創造了一些東西，並一直為其努力。丹是概念思想家，而芭布斯只想把丹的想法與全世界分享，尤其是創業家，他們的事業絕對能因為丹的想法而成長。

芭布斯和丹在科德角的海灘上約會散步的時候突然意識到，如果自己不再分心其他事業，把所有精力投入策略圈與丹合作，也許丹的思想就能真正起飛。沒有多久，芭布斯把按摩診所交給別人管理。從那時候起，丹和芭布斯在人生的方方面面都有相同的願景和目標。

一開始，芭布斯發現丹什麼事情都自己來，於是她開始找「人」來減輕丹的負擔，讓丹繼續專注於創造更好的想法。

截至二〇二〇年，策略教練已經成長為擁有一〇七名員工、外加十七名教練的企業。教練帶培訓課程的方式就跟丹以前一樣，而其他一〇七名員工則在公司裡擔任各種角色，包括市場行銷、會計等。策略教練經歷了幾次變革，比如丹從一對一轉變為小組訓練。小組訓練更有轉化性，因為這種模式能創造一個讓客戶不過於依賴丹，而是多依賴自己經驗的空間，真正思考自己的想法。

現在策略教練的工作坊遍及世界各地，在不同地區舉辦，策略教練內部也有不同的課程。「簽名計畫」（The Signature Program）是入門級的課程，由助理教練指導，他們都是成功的創業家，本身也是策略教練的長期客戶。丹現在帶領「十倍抱負計畫」（10X Ambition Program）和最近成立的「自由區域邊境計畫」（Free Zone Frontier Program）。

丹和芭布斯繼續擴大策略教練的願景。對他們來說，這個故事中真正的英雄是「找人不找方法」，未來也將持續。他們兩個人就是很好的例子，兩名創業家將對方視為獨一無二的「人」，能為對方提供至關重要的「方法」。芭布斯領導著這間一百多人的公司，而丹領導著推出各種課程的團隊。

丹和芭布斯之所以比其他創業家夫婦成功，是因為從一開始他們就共同採用了成事在「人」這種思維模式。當創業夥伴採用這種思維模式，成功會持續且加速幾十年。

「找人不找方法」一直存在長期創業突破和成功的企業中，但策略教練和這本書是第一個為其命名的課程和著作。

▼講完了成功的祕密，現在輪到你實現夢想了

所有成功的創業家都在不知不覺中，運用了「找人不找方法」來實現他們的目標。創業過程中的每一次突破都來自於創業家找到「好的人」，而不是自己想辦法去克服所有事情。

在你第一次成功找到「好的人」以後，很快這會變成你成功的「唯一解方」——無法回頭的路徑。你體驗到的自由和自我擴展會讓你興奮不已。

「找人不找方法」的好處難以評估，一個充滿可能性的全新世界為你而開。你的自由程度——時間、金錢、人際圈和目標——與你對這個方法的投入和應用直接有關。

使用「找人不找方法」，你可以避免不必要的複雜性和決策疲勞。你可以獲得時間自由，專注於最能提振和擴展的「獨特能力」。「找人不找方法」就是讓你成為最棒、最純粹的自己，因為你可以專注於最擅長的領域。團隊合作就是將每一位團隊成員視為具有特殊天賦和能力的人才，而不是你拿來使用的物品。

每個人都很重要，每個人都可以從事他們真心熱愛的工作。

每個人都是一種轉化關係，而不是交易關係。

透過培養成事在人的思維，你不但能成長和轉化，還能透過實踐這個原則而轉化更多人的生命。每個人都會因為你追求和實現的目標而改變，你將成為那些人眼中的英雄，他們也將成為你眼中的英雄。你們共同合作，成為客戶的英雄。身為創業家，你將擁有更大的自由，這對你的成功、擴展和目標至關重要。

人被願景吸引，所以當你展現熱情和目標，以及獨特的天賦和優勢，就會有源源不斷的能力者靠近你，他們很願意和你一起完成使命。為了做到這一點，你必須提起勇氣豁出去，相信自己可以比過去做得更好。

你必須清楚自己想要什麼。你可能需要每天把它寫下來，連續二十五年，就像丹寫「我想要什麼」日記一樣。

當你很確定自己想要什麼，並且點燃這個願望的時候，你會開始活出這個目標，服務那些你想幫助的人，你會成為人們的英雄，協助他們實現目標。

當英雄可以激發人們最好的一面。

你想成為誰的英雄？

這個問題的答案可以、而且、也應該是好幾個不同的族群。你想成為你服務對象的英雄，幫他們實現目標並成為他們服務對象的英雄。你想成為那些因為共同的使命和願景而共同合作者的英雄。

你絕對可以在自己的生命中取得驚人的成就。你能做的最偉大工作，就是和你服務的人、和你一起工作的人共同努力。透過擴展你的願景，找團隊成員來分擔工作，讓你可以專注於少數幾件你最擅長的事情。

你可以成為你想成為的人。

你可以大幅轉化和擴展。

你會驚訝於你與同事和客戶之間的深厚關係。他人對你的承諾、給你的愛和真誠的感激會讓你謙卑。

你逐漸意識到，人生最重要的其實是人和人際圈。因為你創造了絕佳的合作機會和團隊，你能夠體驗到**轉化自我**，你將持續改變和擴展，有時甚至以意想不到的方式展開。一切都始於設定一個目標，展望自己有嶄新遠大的未來。然後下一步就是問：「誰能幫助我做這件事？」

只要掌握這個過程，你的生命會帶你走上一條難以想像、充滿快樂和意義的道路。

丹的謝辭

非常感謝這些人：

我母親，她告訴我閱讀比上學重要。還有我父親，他教導我要當英雄。

喬．波利許，我們的老朋友、客戶及合作夥伴。你對我和策略教練產生了各式各樣偉大的「連結」。我們愛你，喬！

迪恩．傑克遜，行銷之佛。我很珍惜我們每週的播客對話——我們永遠不知道話題會延伸到哪裡。就在某一次談話中，突然冒出了「找人不找方法」這個詞。

班傑明．哈迪，了不起的作家，傑出且令人愉悅的合著者，他加入了他獨特的見解和維度。

塔克．馬克斯，感謝你將這次機會最大化，甚至增加了十倍！

整個策略教練團隊——過去、現在和未來。非常感謝你們的獨特能力與團隊合作，讓船得以浮在水面上，並朝著正確的方向前進！

所有的策略教練創業家，我很榮幸能指導他們超過三十年。正是這種直接的連結，為我提供了最有創意的靈感。他們是很多人的英雄，我也想成為他們的英雄。

策略教練的助理教練們，那些使我們能夠擴大策略教練的規模，以及讓我能繼續發展這個專案的人們。

芭布斯，最初把大家團結在一起並把船推進水中的人。我們的終生合作是一種喜悅。

班的謝辭

我生命最終的「人」是神。如果沒有神，我不可能做到現在所做的一切，對未來也不會有憧憬。感謝生活有祢，感謝祢支持和發展我。

致我的妻子蘿倫，以及我們的五個孩子：凱勒布、喬丹、羅根、柔拉和菲比。感謝你們在寫書過程中的支持和鼓勵，尤其是在那些無法成眠夜晚，或在截稿之前必須消失幾天的時候！你們是我成功的動力。

感謝珍娜．安德森（Janae Anderson）和瑪莉．艾莉絲．克拉克（Mary Alice Clark）在我寫這本書的時候幫忙蘿倫照顧孩子們。謝謝妳們的支持、鼓勵與善意。珍娜，謝謝妳閱讀這本書初稿，還幫助我修潤文字。

致我的父母，菲爾．哈迪（Phil Hardy）和蘇珊．奈特（Susan Knight）。謝謝你們一直鼓勵我實現夢想。謝謝你們無條件地愛我。媽媽，我喜歡我們一起寫作的時光，謝謝妳幫我寫這本書。如果沒有妳，一切不會這麼順暢與順利。

感謝喬・波利許，感謝你讓我成為天才網絡的一員，並教會我如何建立轉化關係。沒有你，這本書不會存在。感謝你對我的投資，把我和這麼多優秀的人連結在一起，也教我如何與人連結。

致塔克・馬克斯，感謝你如此強大。謝謝你讓我們取得了難以置信的成績。謝謝你為我簡化了書的世界，幫助我成為更有自信、更好的作家。你徹底改變了我對寫作的看法，你的支持和話語改變了我的人生。

丹和芭布斯，謝謝你們信任我，把你們的想法和故事告訴我。能認識你們並向你們學習是一種不可思議的快樂。你們幫助我發展了事業、信心和自由。

里德・崔西和賀氏書屋的每一個人，感謝你們出版和支持這本書，這是莫大的榮譽。

給所有我在本書中採訪過或寫過的人，感謝你們的智慧和啟發！

參考文獻

前言

Bass, B. M., & Riggio, R. E. (2006). *Transformational leadership.* Psychology Press.

Kegan, R. (1982). *The evolving self.* Harvard University Press.

第 1 章

Aron, A., & Aron, E. N. (1997). *Self-expansion motivation and including other in the self.* In S. Duck (Ed.), *Handbook of personal relationships:Theory, research and interventions* (p. 251–270). John Wiley & Sons Inc.

Aron, A., Lewandowski, G. W., Jr., Mashek, D., & Aron, E. N.(2013). *The self-expansion model of motivation and cognition in close relationships.* In J. A. Simpson & L. Campbell (Eds.), Oxford library of psychology. *The Oxford handbook of close relationships* (p. 90–115). Oxford University Press.

Currano, R. M., Steinert, M., & Leifer, L. J. (2011). *Characterizing reflective practice in design—what about those ideas you get in the shower?*. In: Proceedings of the 18th international conference on engineering design (ICED 11), Copenhagen, Denmark, vol. 7., pp.374–383.

Hari, J. (2015). *Everything you think you know about addiction is wrong* [Video]. TED Conferences. https://www.ted.com/talks/johann_hari_everything_you_think_you_know_about_addiction_is_wrong/discussion.

第三章

Day, V., Mensink, D., & O'Sullivan, M. (2000). Patterns of academic procrastination. *Journal of College Reading and Learning*, 30:2,120–134, DOI: https://doi.org/10.1080/10790195.2000.10850090.

Ferrari, J. R., Diaz-Morales, J. F., O'Callaghan, J., Diaz, K., & Argumedo D. (2007). Frequent behavioral delay tendencies by adults: International prevalence rates of chronic procrastination. *Journal of Cross-Cultural Psychology*, 38(4), 458–464. https://doi.org/10.1177/0022022107302314.

Klingsieck, K. B. (2013). Procrastination: When good things don't come to those who wait. *European Psychologist,* 18(1), 24–34. https://doi.org/10.1027/1016-9040/a000138.

Tuckman, B., & Sexton, T. (1989). *Effects of relative feedback in overcoming procrastination on academic tasks*. Paper given at the meetingof the American Psychological Association, New Orleans, LA.

第四章

Csikszentmihalyi, M., Abuhamdeh, S., & Nakamura, J. (2014). *Flow and the foundations of positive psychology*. Springer.

Haanel, C. F. (2017). *The new master key system*. Simon and Schuster.

Jackson, S. A. (1995). Factors influencing the occurrence of flow state in elite athletes. *Journal of Applied Sport Psychology*, 7(2), 138–166. https://doi.org/10.1080/10413209508406962.

Polman, E., & Vohs, K. D. (2016). Decision fatigue, choosing for others, and self-construal. *Social Psychological and Personality Science*, 7(5), 471–478. https://doi.org/10.1177/1948550616639648.

Rosenthal, R. (2002). *The Pygmalion effect and its mediating mechanisms*. In J. Aronson (Ed.), Improving academic achievement:Impact of psychological factors on education (p. 25–36). Academic Press. https://doi.org/10.1016/B978-012064455-1/50005-1.

Vohs, K. D., Baumeister, R. F., Twenge, J. M., Schmeichel, B. J., Tice,D. M., & Crocker, J. (2005). *Decision fatigue exhausts self-regulatory resources—but so does accommodating to unchosen alternatives*. Manuscript submitted for publication.

第五章

Barba-Sanchez, Virginia & Atienza-Sahuquillo, Carlos. (2017). Entrepreneurial motivation and self-employment: evidence from expectancy theory. *International Entrepreneurship and Management Journal*.13. 1097–1115. https://doi.org/10.1007/s11365-017-0441-z.

Bass, B. M., & Riggio, R. E. (2006). *Transformational leadership*. Psychology Press.

Gagne, M., & Deci, E. L. (2005). Self-determination theory and work motivation. *Journal of Organizational*

Behavior, 26(4), 331–362. https://doi.org/10.1002/job.322.

Gonzalez-Mule, E., Courtright, S. H., DeGeest, D., Seong, J. Y., & Hong, D. S. (2016). Channeled autonomy: The joint effects of autonomyand feedback on team performance through organizational goal clarity. *Journal of Management*, 42(7), 2018–2033. https://doi.org/10.1177/0149206314535443.

Hardy, Benjamin, "Does It Take Courage to Start a Business?" (2016). All Theses. 2585. https://tigerprints.clemson.edu/all_theses/2585.

Lawler III, E. E., & Suttle, J. L. (1973). Expectancy theory and job behavior. *Organizational Behavior and Human Performance,* 9(3),482–503. https://doi.org/10.1016/0030-5073(73)90066-4.

Staw, B. M. (1981). The escalation of commitment to a course of action. *Academy of Management Review*, 6(4), 577–587. https://doi.org/10.2307/257636.

第七章

Algoe, S. B., Haidt, J., & Gable, S. L. (2008). Beyond reciprocity:Gratitude and relationships in everyday life. *Emotion*, 8(3), 425.https://doi.org/10.1037/1528-3542.8.3.425.

Grant, A. M. (2013). *Give and take*: *A revolutionary approach to success*.Penguin.

Lambert, N. M., Clark, M. S., Durtschi, J., Fincham, F. D., & Graham,S. M. (2010). Benefits of expressing gratitude: Expressing gratitude to a partner changes one's view of the relationship. *Psychological Science*, 21(4), 574–580. https://doi.org/10.1177/0956797610364003.

Rash, J. A., Matsuba, M. K., & Prkachin, K. M. (2011). Gratitude and well-being: Who benefits the most from a gratitude intervention?.*Applied Psychology: Health and Well-Being*, 3(3), 350–369.

第九章

Frankl, V. E. (1985). *Man's search for meaning*. Simon and Schuster.

Grandey, A. A. (2000). Emotional regulation in the workplace: A newway to conceptualize emotional labor. *Journal of Occupational Health Psychology*, 5(1), 95. https://doi.org/10.1037/1076-8998.5.1.95.

Hill, N. (2011). *Think and grow rich*. Hachette UK.

Runtagh, J. (2017, May 17). Beatles' 'Sgt. Pepper' at 50: How band rallied around Ringo on 'With a Little Help …'. *Rolling Stone*. https://www.rollingstone.com/music/music-features/beatles-sgt-pepper-at-50-how-band-rallied-around-ringo-on-with-a-little-help-121066/.

Shenk, J. W. (2014). *Powers of two: Finding the essence of innovation in creative pairs*. Houghton Mifflin Harcourt.

Thompson, R. A. (1991). Emotional regulation and emotional development. *Educational Psychology Review*, 3(4), 269–307. https://doi.org/10.1007/BF01319934.

第十一章

Jackson, P., & Delehanty, H. (2014). *Eleven rings: The soul of success*. Penguin.

Logan, D., King, J., & Fischer-Wright, H. (2008). *Tribal leadership. Collins.*

第十一章

Glyer, D. (2007). *The company they keep: C. S. Lewis and J. R. R. Tolkien as writers in community*. Kent State University Press.

成功者的互利方程式：
解開成事在「人」的祕密，投資好的人，贏得你的財富、時間、人際、願景四大自由
Who Not How: The Formula to Achieve Bigger Goals Through Accelerating Teamwork

作者	丹・蘇利文 Dan Sullivan 班傑明・哈迪 博士 Dr. Benjamin Hardy
譯者	吳宜蓁
商周集團執行長	郭奕伶
商業周刊出版部	
總監	林雲
責任編輯	潘玫均
封面設計	林芷伊
內文排版	点泛視覺工作室
出版發行	城邦文化事業股份有限公司 商業周刊
地址	104 台北市中山區民生東路二段 141 號 4 樓 電話：(02)2505-6789　傳真：(02)2503-6399
讀者服務專線	(02)2510-8888
商周集團網站服務信箱	mailbox@bwnet.com.tw
劃撥帳號	50003033
戶名	英屬蓋曼群島商家庭傳媒股份有限公司城邦分公司
網站	www.businessweekly.com.tw
香港發行所	城邦（香港）出版集團有限公司 香港灣仔駱克道 193 號東超商業中心 1 樓 電話：(852) 2508-6231　傳真：(852) 2578-9337 E-mail：hkcite@biznetvigator.com
製版印刷	科樂印刷事業股份有限公司
總經銷	聯合發行股份有限公司電話：(02) 2917-8022
初版 1 刷	2023 年 2 月
定價	380 元
ISBN	978-626-7099-97-1（平裝）
EISBN	9786267099988 (PDF) ／ 9786267099995 (EPUB)

國家圖書館出版品預行編目 (CIP) 資料

成功者的互利方程式 : 解開成事在「人」的祕密，投資好的人，贏得你的財富、時間、人際、願景四大自由 / 丹 . 蘇利文 (Dan Sullivan), 班傑明 . 哈迪 (Benjamin Hardy) 合著 ; 吳宜蓁譯 . -- 初版 . -- 臺北市 : 城邦文化事業股份有限公司商業周刊 , 2023.02

面 ; 公分

譯自 : Who not how : the formula to achieve bigger goals through accelerating teamwork

ISBN 978-626-7099-97-1(平裝)

1.CST: 職場成功法

494.35 111019421

藍學堂

學習・奇趣・輕鬆讀